Klimaneutral
Verlag
ClimatePartner.com/53585-1805-1001

Nachhaltigkeitskodex des oekom verlags
http://datenbank2.deutscher-nachhaltigkeitskodex.de/Profile/CompanyProfile/9023/de/2015/dnk

Bibliografische Information der Deutschen Nationalbibliothek:
Die Deutsche Nationalbibliothek verzeichnet diese Publikation in der Deutschen Nationalbibliografie; detaillierte bibliografische Daten sind im Internet über http://dnb.d-nb.de abrufbar.

1. Auflage

Gesellschaft für ökologische Kommunikation mbH
Waltherstraße 29, 80337 München

Lektorat: Laura Kohlrausch, oekom verlag
Korrektorat: Maike Specht
Umschlaggestaltung: Esther Gonstalla | erdgeschoss-grafik.de
Satz und Infografik: Esther Gonstalla
Druck: Westermann Druck Zwickau GmbH, Zwickau

978-3-96238-211-7

natürlich oekom!

Mit diesem Buch halten Sie ein echtes Stück Nachhaltigkeit in den Händen. Durch Ihren Kauf unterstützen Sie eine Produktion mit hohen ökologischen Ansprüchen, die mit dem Blauen Engel ausgezeichnet wurde:

- 100 % Recyclingpapier
- mineralölfreie Druckfarben
- Verzicht auf Plastikfolie
- Kompensation aller CO_2-Emissionen
- kurze Transportwege – in Deutschland gedruckt

Weitere Informationen unter www.natürlich-oekom.de und #natürlichoekom

BLAUER ENGEL
DAS UMWELTZEICHEN
www.blauer-engel.de/uz195

FSC
RECYCLED
Papier
FSC® C110508

Für dieses Buch wurden keine neuen Bäume gefällt, es besteht komplett aus Recyclingpapier.

DAS WALD BUCH

ALLES, WAS MAN WISSEN MUSS,
IN 50 GRAFIKEN

von Esther Gonstalla

oekom

Inhalt

Die faszinierende Welt der Wälder

Rund ein Viertel der Landfläche unserer Erde ist von Wald bedeckt. Nimmt man eine Weltkarte zur Hand, erkennt man zwei große Waldgürtel: den tropischen Regenwald und den borealen Nadelwald, an den in Europa und Ostasien sowie im Westen und Osten Nordamerikas sommergrüne Laubwälder angrenzen. Kleinere Laubwaldgebiete gibt es außerdem im Süden von Amerika, Afrika, Australien und Neuseeland.

Die Unterschiede zwischen den verschiedenen Waldökosystemen sind dabei riesig. In den Tropen gibt es jeden Tag sowohl strahlenden Sonnenschein als auch heftigen Regen. Lange nach dem Regen fallen noch Tropfen von den lang gezogenen Träufelspitzen der Blätter herab, zwischen Wurzeln und Moospolstern, auch in Nebelschwaden unter dem Blätterdach wird Wasser festgehalten. Sonnenstrahlen lassen warme, feuchte Luft aufsteigen, die sich zu Wolken türmen, aus denen dann erneut sintflutartiger Regen fällt. Im tropischen Regenwald gibt es keine Jahreszeiten. Die Baumstämme wachsen unaufhörlich, deshalb haben sie keine Jahresringe, dafür eine flammende Maserung. Immerzu öffnen sich neue Blüten, und Früchte reifen heran. Unzählige Tiere finden dort Nahrung; die Regenwälder der Tropen sind die Landökosysteme mit den meisten verschiedenen Arten an Pflanzen, Pilzen und Tieren.

Ganz anders sieht es in den Waldgebieten im Norden und Süden der Erde aus. Die Entwicklung der Bäume dort ist von Jahreszeiten geprägt, von Zeiten des raschen und langsamen Wachstums, auch des Wachstumsstillstands. Im Wechsel der Jahreszeiten entstehen Jahresringe mit hellerem Frühholz und dunklerem Spätholz. Die Jahresringe bilden sich in jedem Jahr, daher kann man das Alter eines Baumes an ihnen ablesen. Einheimische Laubbäume entfalten im Frühjahr große, sattgrüne Blätter und lassen im Herbst rot gefärbtes Laub zu Boden fallen, sodass sie kahl zurückbleiben. Die meisten Nadelbäume sind immergrün, doch im Winter erstarrt auch ihr Leben: Im Wurzelraum und in den Stämmen gefriert Wasser zu Eis, und es steht nicht zur Verfügung, wenn Sonnenstrahlen die Photosynthese beginnen lassen. Erst wenn die Kälte weicht, setzt das Wachstum der Bäume wieder ein.

Erholungsuchende Wanderer schätzen Wälder als Ort der Stille, einen kühlen Rückzugsort im Sommer. Aber Wälder sind auch schützenswerte Ökosysteme. Und Holz ist ein wunderbarer Werkstoff, flexibel und zugleich höchst stabil: Häuser und Schiffe kann man daraus bauen, Möbel und mancherlei Gerät. Auch Papier wird aus Holz hergestellt. Holz ist der wichtigste nachwachsende Rohstoff, den man zum Heizen, Kochen, Braten und Backen, zum Erzschmelzen und Glasmachen verwenden kann.

Doch wir wissen bereits seit Jahrhunderten, dass man nicht zu viel Holz aus den Wäldern holen darf, um sie nicht zu zerstören. Der sächsische Oberberghauptmann Hans Carl von Carlowitz formulierte bereits vor über 300 Jahren das erste Prinzip der »Nachhaltigkeit«: Einem Wald darf nur diejenige Menge an Holz entnommen werden, die zur gleichen Zeit nachwächst. Wer sich daran nicht hält und Raubbau betreibt oder Gehölze nicht wieder aufforstet, setzt die Zukunft des Waldes und damit zugleich die Zukunft der Menschheit aufs Spiel. Der richtige Umgang mit Wald, die Berücksichtigung sehr vieler Interessen, die sich auch widersprechen können, ist eine große Herausforderung an uns alle, vor allem aber an die Förster, gerade in Zeiten des Klimawandels, der um sich greifenden Trockenheit und der Borkenkäferplage.

Was Wälder alles leisten, wo sie besonders gefährdet sind und wie man sie schützt, erfährt man in diesem Buch – und das ist genauso faszinierend wie die Welt der Wälder selbst.

Prof. Dr. Hansjörg Küster
Institut für Geobotanik,
Leibniz-Universität Hannover
September 2020

Der Wald …

ist essenziell wertvoll für Klima und Lebewesen als:

Lebensraum
Wälder bieten unzähligen Arten perfekte Lebensbedingungen und sorgen so für den Erhalt der Artenvielfalt.

Klimaschützer
Wälder nehmen gewaltige Mengen Kohlendioxid (CO_2) auf, regulieren regional das Wetter und global das Klima.

Nahrungsmittellieferant
Früchte, Nüsse, Pilze und Wildfleisch aus Wäldern stellen die Lebensgrundlage für Millionen von Tieren und Menschen dar.

Sauerstoffproduzent
Bäume wandeln CO_2 um und produzieren daraus unter anderem Sauerstoff.

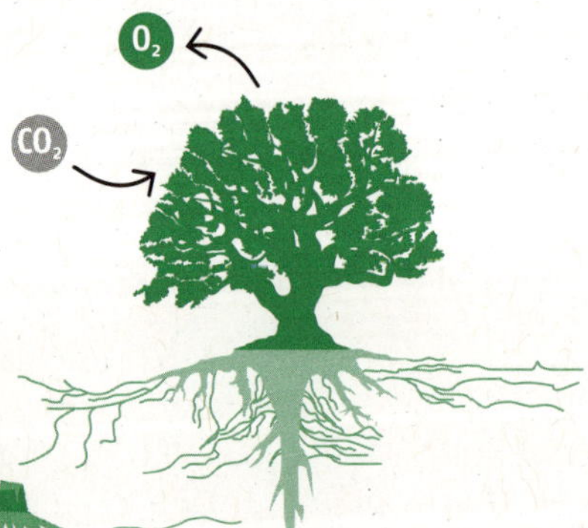

Bodenschützer
Wälder festigen durch ihr Wurzelnetzwerk den Boden und schützen vor Erosion bei Starkregen oder Unwetter.

Küstenschützer
Mangrovenwälder schützen die Küsten vor Erosion, Wirbelstürmen und Überschwemmungen.

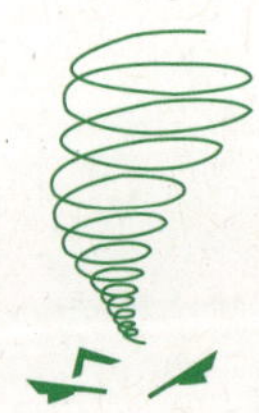

Wasserlieferant
Wälder erhöhen die Wasserverfügbarkeit und -sicherheit für Menschen, Pflanzen und Tiere.

... und der Mensch

nutzt Waldökosysteme als:

Armutsbekämpfer
Besonders im globalen Süden verbessern Wälder die Ernährungssituation, u. a. von Kindern.

Ort der Spiritualität
Für die indigene Bevölkerung sind Wälder oftmals identitätsstiftend und haben wichtige kulturelle und spirituelle Funktionen.

Energie- und Rohstofflieferant
Von Feuerholz über Kautschuk bis Papier liefern Wälder unterschiedlichste Rohstoffe.

Arbeitsort
Geschätzte 45 Mio. Menschen arbeiten weltweit im Forstbereich, Millionen weiterer Jobs hängen von Waldprodukten ab.

Erholungsoase
Wälder sind beliebte Freizeit- und Urlaubsziele.

Medikamentenlieferant
Aus Waldpflanzen gewonnene Stoffe stellen die Grundlage für diverse Medikamente dar.

Quellen: FAO (2020), Watson et al. (2018)

»Der Wald ist nicht nur ein Nebeneinander von Bäumen, sondern vielmehr ein hochvernetztes Ökosystem von Pflanzen, Mikroorganismen und Tieren. Diese Ökosysteme leisten unglaublich viel: Sie fungieren als CO_2-Senke und -Speicher, filtern Schadstoffe aus der Luft, kühlen die Landschaft, speichern Wasser und schützen vor Erosion.«

Prof. Dr. Pierre Ibisch,
Hochschule für nachhaltige Entwicklung, Eberswalde

Ökosystem Wald

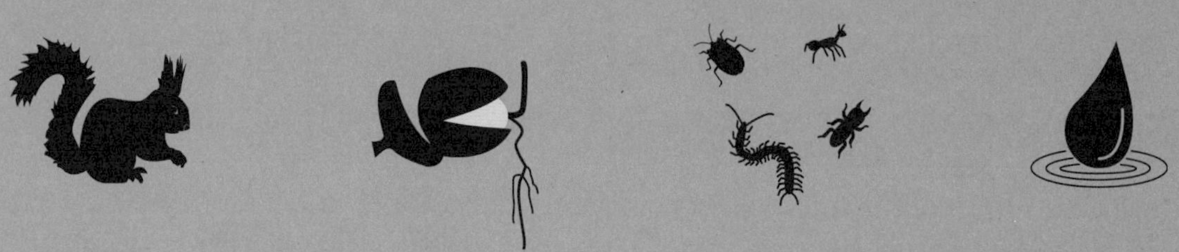

Die Wälder der Erde

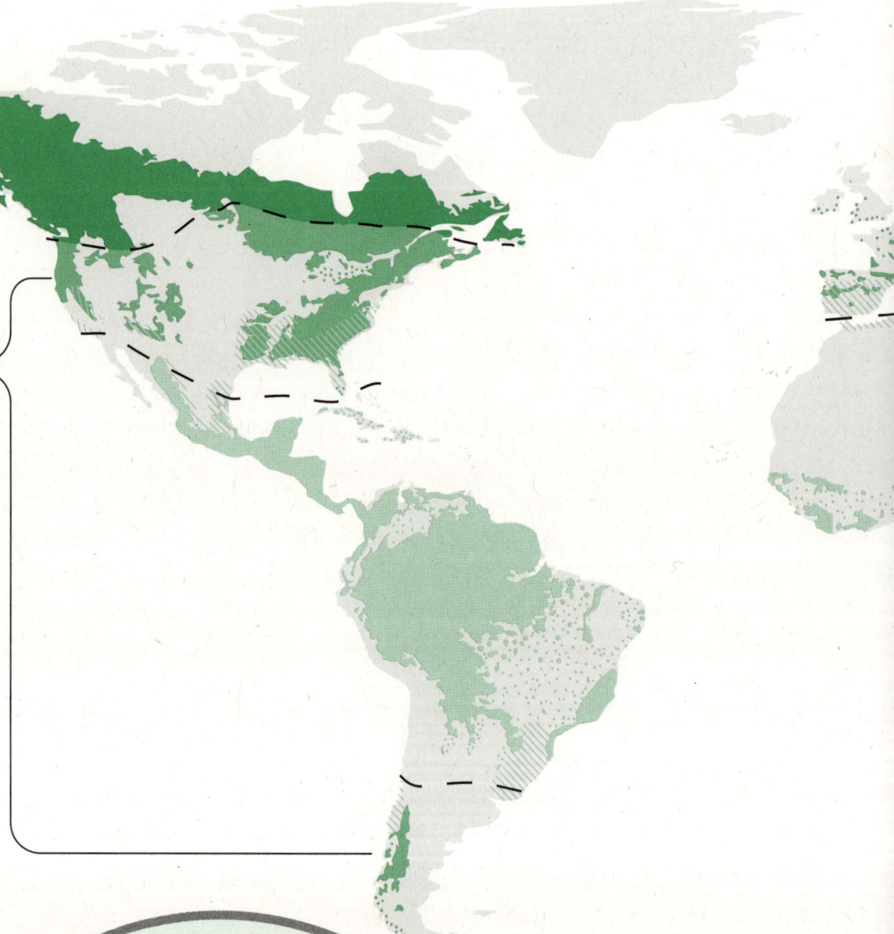

Temperierte und subtropische Wälder

können sehr unterschiedlich sein – von Laubmischwäldern über Nadel-Bergwälder bis hin zu Regenwäldern. Sie stehen größtenteils auf der Nordhalbkugel in den gemäßigten Breiten, kommen aber auch z. B. in Chile oder Australien vor und umfassen ca. 27 % der weltweiten Waldfläche.

Was ist überhaupt ein Wald? Dafür gibt es Hunderte Definitionen, zum Beispiel diese hier von der Ernährungs- und Landwirtschaftsorganisation der Vereinten Nationen (FAO) zur Mindestgröße und Baumdichte eines Waldes:

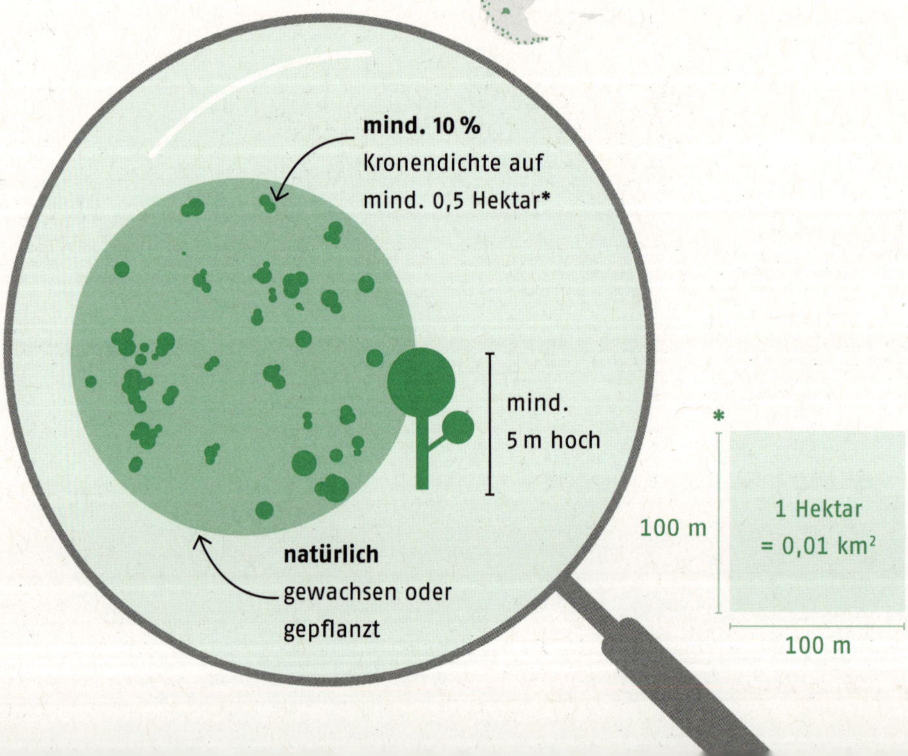

Boreale Nadelwälder

sind die nördlichsten Wälder der Erde und bestehen hauptsächlich aus Tannen, Lärchen, Fichten und Kiefern. Sie ziehen sich wie ein Gürtel über die Nordhalbkugel. Als größtes zusammenhängendes Waldökosystem umfassen sie ca. 28 % der weltweiten Waldfläche.

Industrielle Baumplantagen

expandieren weltweit: 3 Mio. ha wurden zwischen 2010 und 2020 pro Jahr neu gepflanzt. Sie werden von Menschen meist für den steigenden Bedarf an Holz, Zellstoff, Palmöl oder Früchten verwendet. Problematisch wird es, wenn Primärwälder abgeholzt werden, um Platz für Plantagen zu schaffen. Da Baumplantagen kaum Ökosystemfunktionen erfüllen oder Biodiversität beherbergen, werden sie oft nicht als »Wälder« bezeichnet. Die FAO zählt sie zu den »gepflanzten Wäldern« mit ca. 3 % der weltweiten Waldfläche.

Tropische Wälder

haben die größte Biodiversitätsdichte von allen, sie beherbergen 50 % aller bekannten Pflanzenarten. Neben dem tropischen Regenwald zählen tropischer Trockenwald, Bergwälder und Nebelwälder dazu. Sie umfassen ca. 45 % der weltweiten Waldfläche und regulieren das Weltklima, z. B. durch Wasseraustausch mit der Atmosphäre.

Quellen: FAO (2020), Gauthier et al. (2015), Jenkins & Schaap (2018), Martone et al. (2017), Peterson et al. (2016), Tyrrell et al. (2012)

Die Vielfalt der Bäume

Ca. **60.000**
Baumarten sind weltweit bestimmt.

Dürreresistent und hauptsächlich in Afrika heimisch: Der Baobab speichert Wasser in seinem Stamm. Seine Rinde, Früchte und Samen sind essbar, zudem werden Kleidung und Medizin aus ihm gewonnen.

Quellen: CAL-IPC (2019), Fenner (2017), Pawlik et al. (2016), Rahul et al. (2015)

Ursprünglich in Australien heimisch, wurde Eukalyptus weltweit für sein schnelles Wachstum in Plantagen gepflanzt. Als invasive Art ist er z. B. in Kalifornien und Chile dafür bekannt, Böden auszutrocknen, die Waldbrandgefahr zu erhöhen und Biodiversität zu verringern.

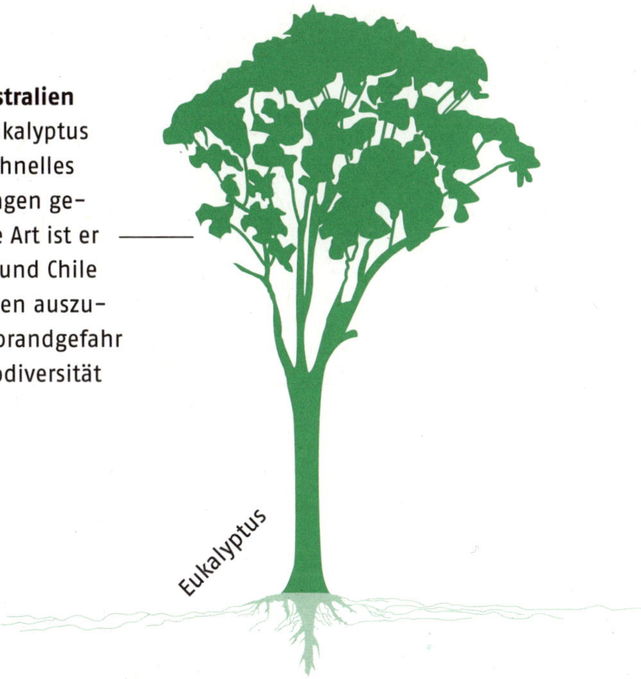

In Deutschland ist die Fichte auf einem Viertel der Waldfläche vertreten, sie ist mit bis zu 50 m einer der höchsten heimischen Bäume Europas und wächst relativ schnell. Schwere Stürme, Schädlinge und Dürren sind ein Risiko für diese Flachwurzler.

Aufbau des Waldes

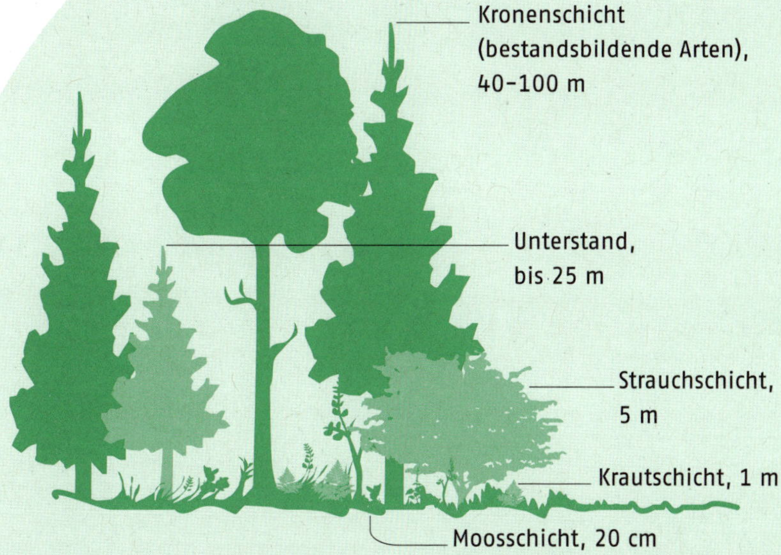

Das Leben eines Baumes

Nahrung
Bäume leben von Sonnenenergie, Kohlendioxid sowie Wasser, Zucker und gelösten mineralischen Nährstoffen aus dem Boden. In der Vegetationszeit benötigen Bäume signifikante Mengen Wasser.

Photosynthese
Blätter nehmen Kohlendioxid (CO_2) auf und wandeln es mithilfe der Sonnenenergie in Kohlenhydrate (Zucker) um. Ein Baum erzeugt dabei im Durchschnitt pro Jahr 118 kg für ihn überschüssigen Sauerstoff (O_2).

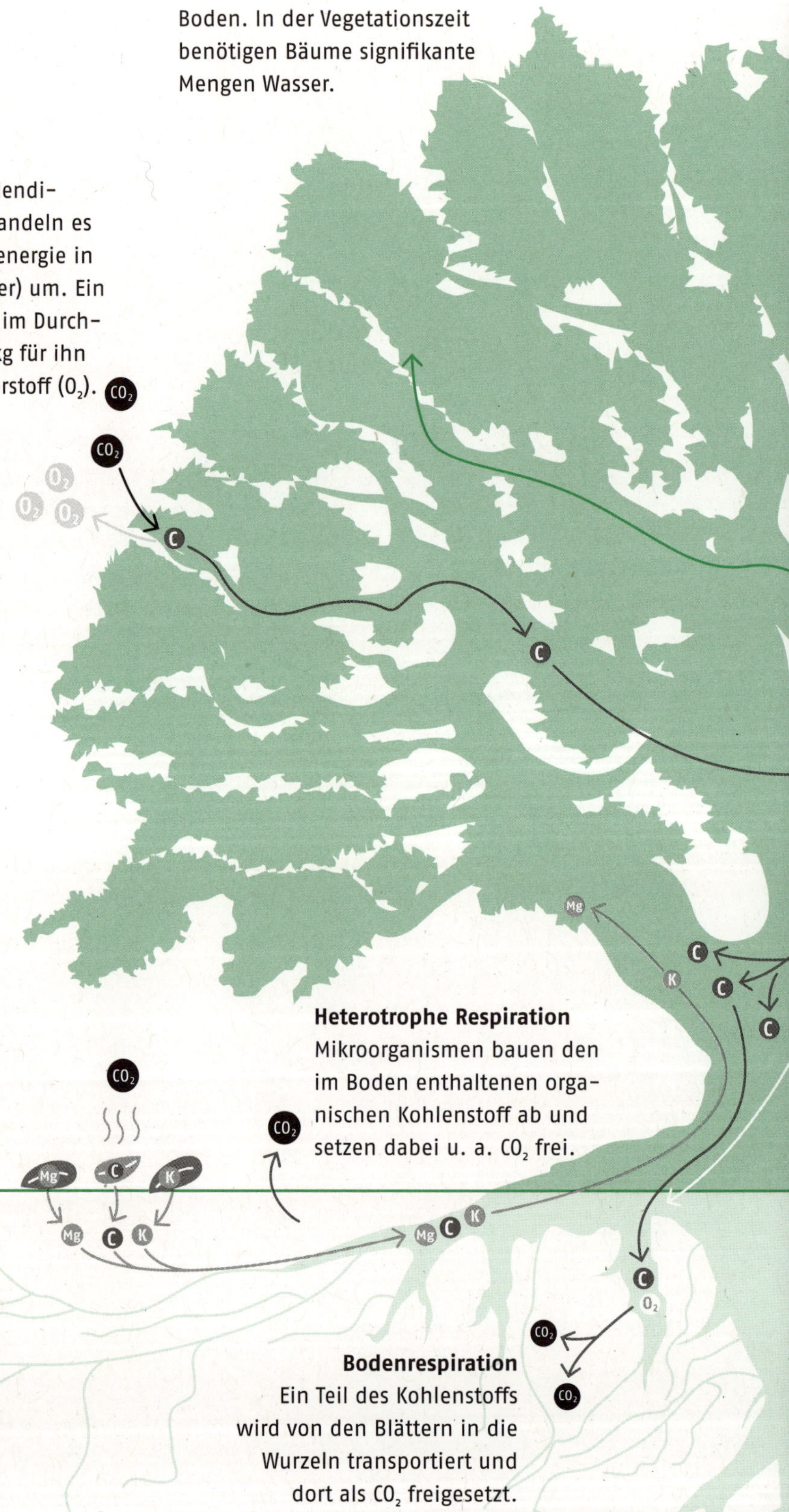

Überwinterung
Laubbäume machen sich »winterfest«, indem sie u. a. Zucker als Frostschutzmittel einlagern, überflüssigen Wassertransport und Photosynthese einstellen sowie die letzten Nährstoffe aus den Blättern ziehen, bevor diese als Laub zu Boden fallen. Die meisten Nadelbäume behalten ihre Nadeln hingegen, die durch eine Wachsschicht vor Kälte und Austrocknung (Frosttrocknis) geschützt sind.

Heterotrophe Respiration
Mikroorganismen bauen den im Boden enthaltenen organischen Kohlenstoff ab und setzen dabei u. a. CO_2 frei.

Nährstoffkreislauf
Laub wird mithilfe von Bodenorganismen wie Pilzen langsam kompostiert. So kann der Baum die in den Blättern enthaltenen Nährstoffe im Idealfall wieder über die Wurzeln aufnehmen.

Bodenrespiration
Ein Teil des Kohlenstoffs wird von den Blättern in die Wurzeln transportiert und dort als CO_2 freigesetzt.

Quellen: Beldin & Perakis (2009), Campbell et al. (2003), Leitgeb (2015), Schulz & Klein (2011), SDW (2019)

Wasser · O_2 Sauerstoff · N Stickstoff · P Phosphor · K Kalium · Mg Magnesium · C Kohlenstoff · CO_2 Kohlendioxid

Kohlenstoffspeicher
Eine 40 m hohe Eiche mit einem Stammdurchmesser von 60 cm kann etwa 5000 bis 7300 kg CO_2 speichern.

Wasserkreislauf
Blätter und Nadeln verdunsten Wasser. Die Menge hängt von Standort, Jahreszeit, Niederschlagsmenge und Temperatur ab.

Baumstamm
Die Borke schützt den Baum vor Austrocknung, Beschädigung sowie Pilz- und Insektenbefall. Der Wasser- und Nährstofftransport findet im Holz statt, der Zuckertransport im Bast. Das Kambium, eine dünne Zellschicht dazwischen, ist für den Holzzuwachs verantwortlich. Das Kernholz im Innern ist abgestorben.

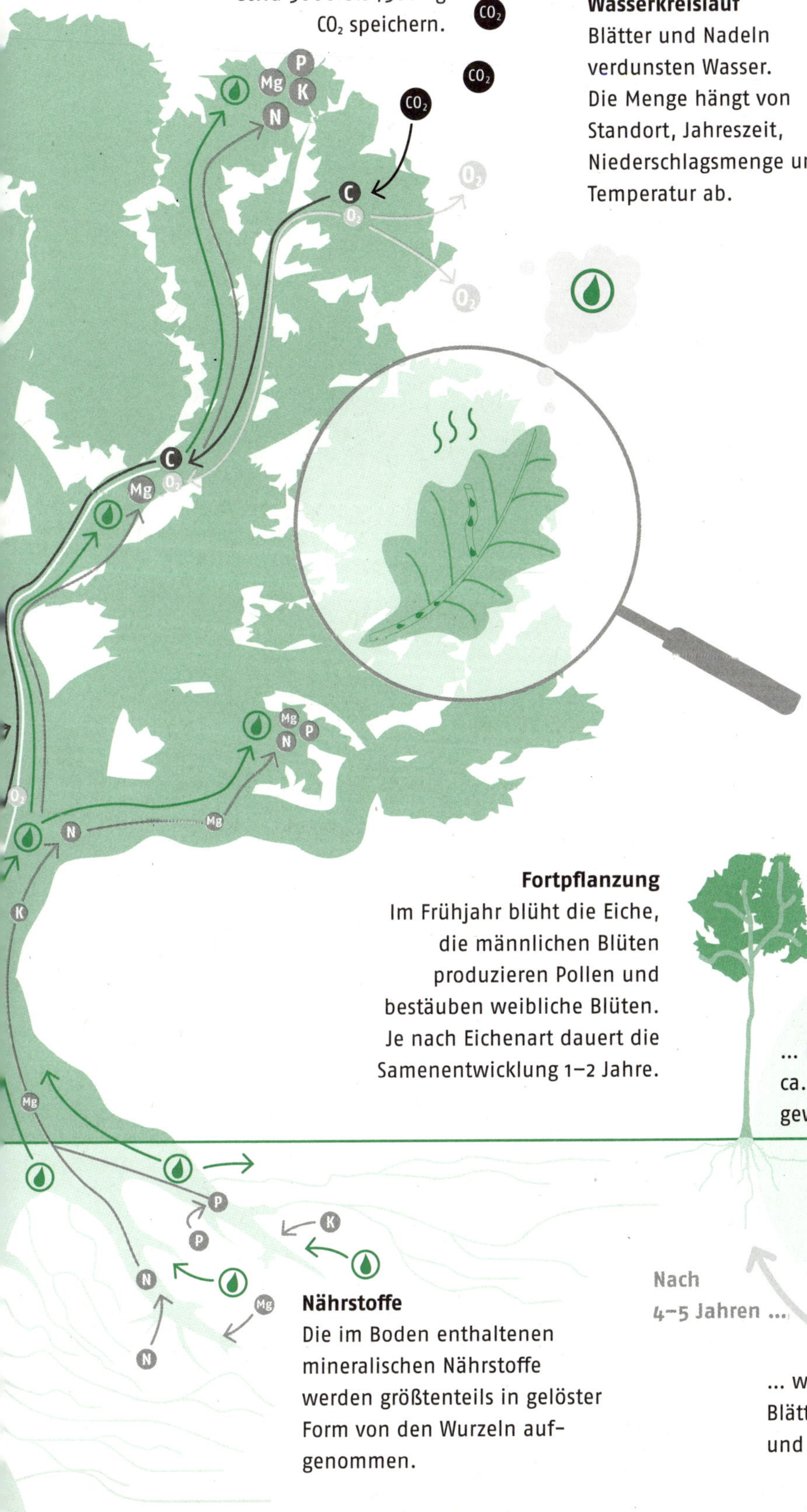

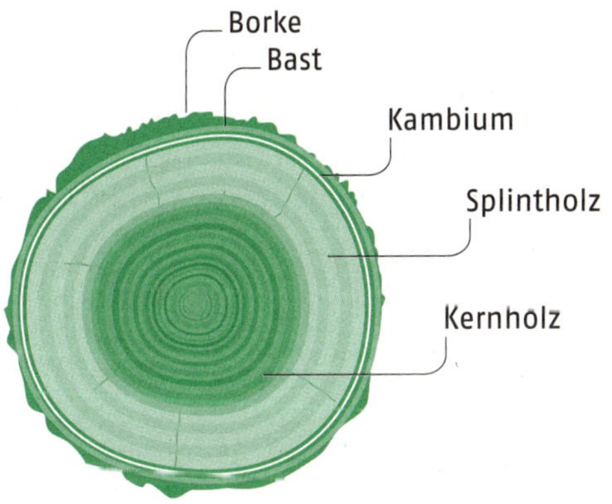

Fortpflanzung
Im Frühjahr blüht die Eiche, die männlichen Blüten produzieren Pollen und bestäuben weibliche Blüten. Je nach Eichenart dauert die Samenentwicklung 1–2 Jahre.

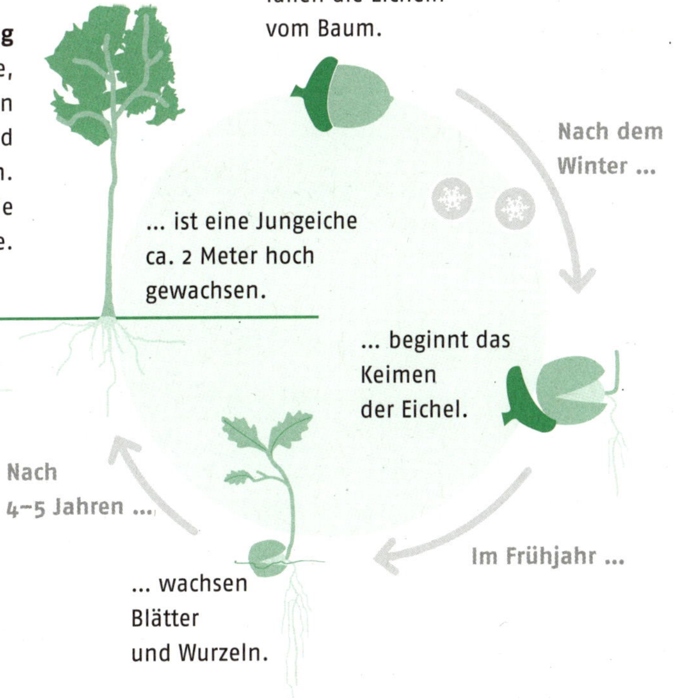

Nährstoffe
Die im Boden enthaltenen mineralischen Nährstoffe werden größtenteils in gelöster Form von den Wurzeln aufgenommen.

Bäume der Superlative

Mit rund

1473 m³

der voluminöseste lebende Baum der Welt: Der »General Sherman Tree«, ein Riesenmammutbaum (Sequoiadendron giganteum), steht im Sequoia Nationalpark in Kalifornien.

4995 Jahre

alt ist der älteste Baum der Welt. Die Langlebige Kiefer (Pinus longaeva) »Methuselah« steht im Inyo National Forest in Kalifornien, USA. Der genaue Standort ist geheim.

115,8 m

misst der höchste Baum der Welt, der Küstenmammutbaum (Sequoia sempervirens) »Hyperion« im Redwood Nationalpark, Kalifornien. Er ist höher, als ein Fußballfeld lang ist!

Quellen: Debreczy & Racz (1998), Earle (2017), LTI (2020), USDA (2017)

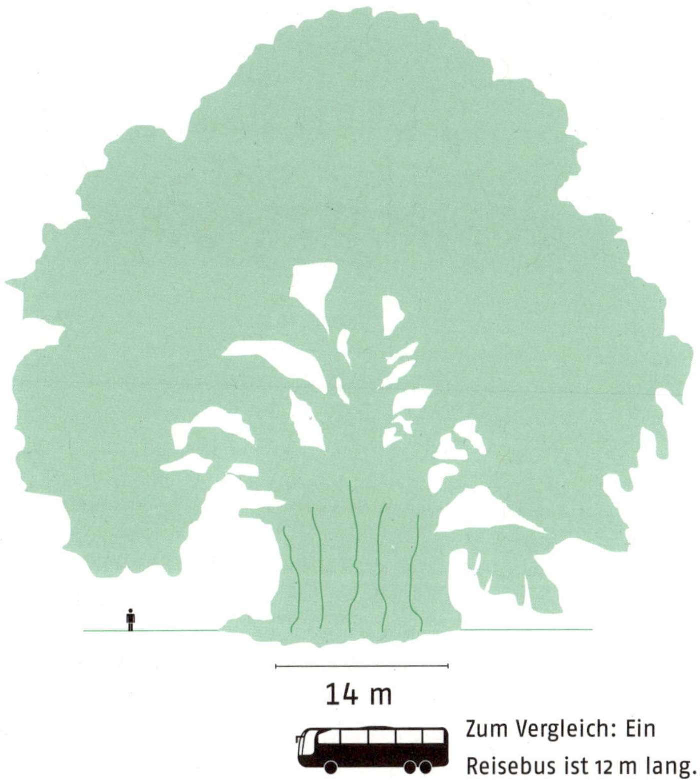

14 m

Durchmesser hat der Baum mit dem dicksten Stamm der Welt, eine Mexikanische Sumpfzypresse (Taxodium mucronatum), »Árbol del Tule«. Sie steht in der Stadt Santa María del Tule in Mexiko.

Mehr als 3600

Luftwurzeln umfasst der »Great Banyan Tree« (Ficus benghalensis). Mit ca. 1,6 Hektar Ausdehnung hat er die viertgrößte Baumkrone der Welt. Er steht in der Nähe von Kalkutta, Indien.

6 Mio. kg

in etwa wiegt der schwerste »Baum« der Welt: eine amerikanische Zitterpappel-Klonkolonie. Die rund 47.000 Bäume sind identische Klone, die unter der Erde miteinander verbunden sind – sie sind also ein Organismus. »Pando« steht in Utah, USA.

Kommunikation im Waldboden

Bäume warnen sich unterirdisch mithilfe von Pilznetzwerken, z. B. wenn sich giftige Pflanzen ausbreiten.

Wenn ein Baum erkrankt ist, bezieht er über das Netzwerk überlebenswichtige Enzyme und Nährstoffe von anderen Bäumen.

Verschiedene Pilzarten umweben die Feinwurzeln der Bäume und können sich kilometerweit ausbreiten.

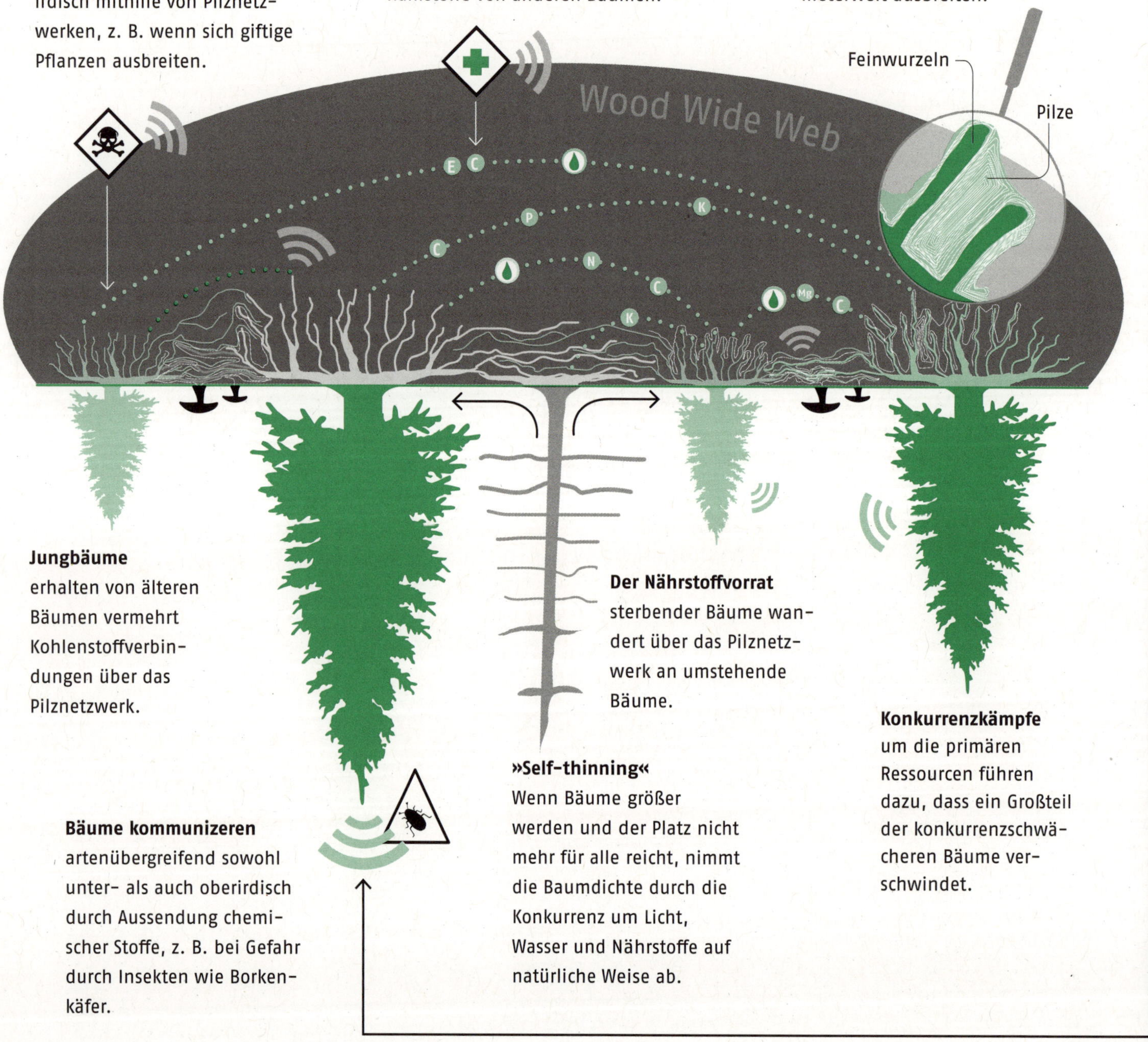

Jungbäume erhalten von älteren Bäumen vermehrt Kohlenstoffverbindungen über das Pilznetzwerk.

Der Nährstoffvorrat sterbender Bäume wandert über das Pilznetzwerk an umstehende Bäume.

Konkurrenzkämpfe um die primären Ressourcen führen dazu, dass ein Großteil der konkurrenzschwächeren Bäume verschwindet.

»Self-thinning«
Wenn Bäume größer werden und der Platz nicht mehr für alle reicht, nimmt die Baumdichte durch die Konkurrenz um Licht, Wasser und Nährstoffe auf natürliche Weise ab.

Bäume kommunizeren artenübergreifend sowohl unter- als auch oberirdisch durch Aussendung chemischer Stoffe, z. B. bei Gefahr durch Insekten wie Borkenkäfer.

Wasser · Stickstoff · Phosphor · Kalium · Enzyme · Kohlenstoff

Wood Wide Web

ist die Interkonnektiviät und Kommunikation der Bäume untereinander, in Symbiose mit Pilzen und Mikroorganismen. In einem Waldstück sind die ältesten Bäume am intensivsten vernetzt.

Ältere Bäume sind dunkelgrün und größer dargestellt, Jungbäume heller und kleiner.

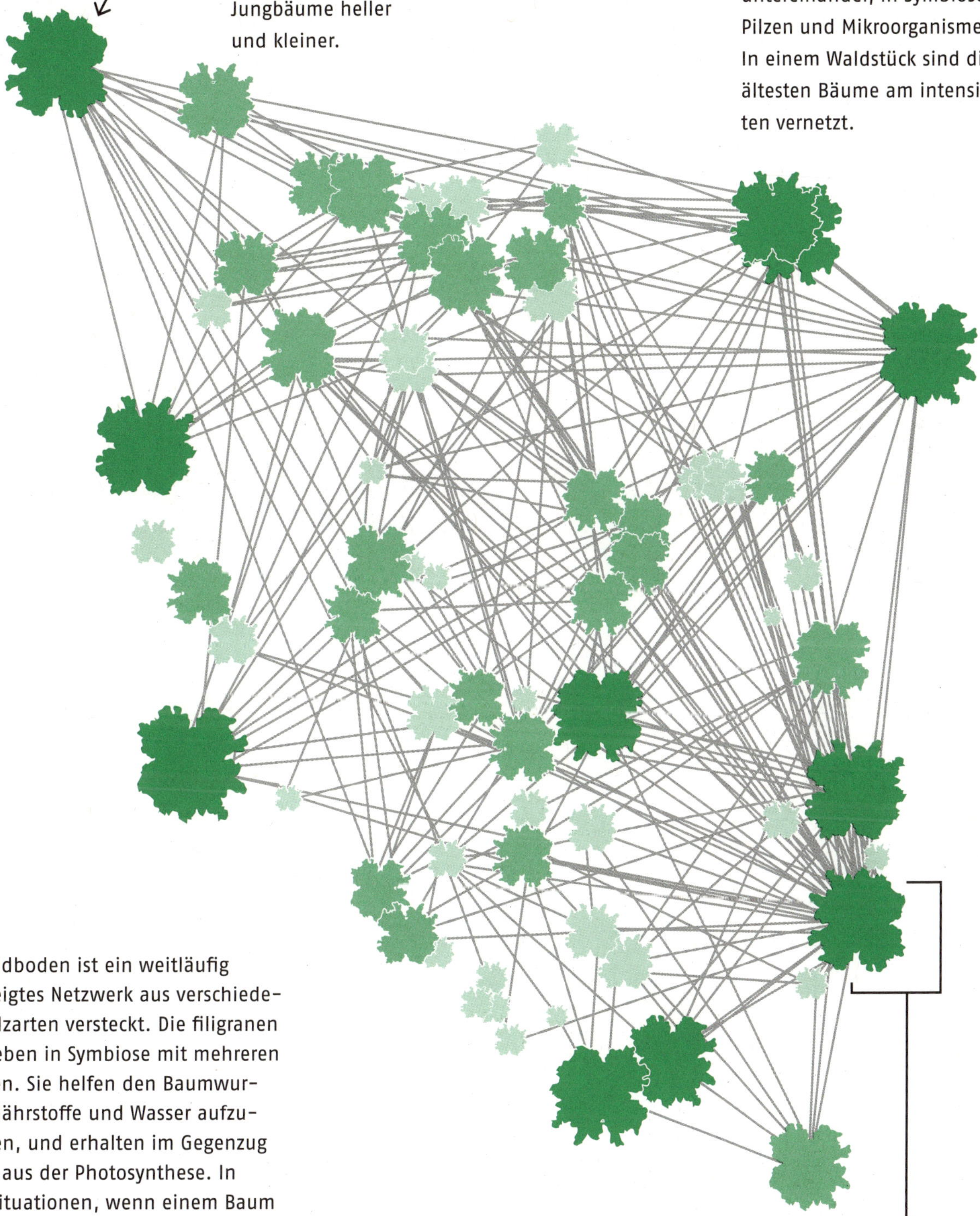

Im Waldboden ist ein weitläufig verzweigtes Netzwerk aus verschiedenen Pilzarten versteckt. Die filigranen Pilze leben in Symbiose mit mehreren Bäumen. Sie helfen den Baumwurzeln, Nährstoffe und Wasser aufzunehmen, und erhalten im Gegenzug Zucker aus der Photosynthese. In Stresssituationen, wenn einem Baum nicht genügend Wasser oder Nährstoffe zur Verfügung stehen, wird dies durch das Pilznetzwerk signalisiert, und Stoffe werden ausgetauscht.

Quellen: Beiler et al. (2010), Gorzelak et al. (2015), Steidinger et al. (2019)

Der Wald und das Wasser

67,8 %
der 230 wichtigsten Wassereinzugsgebiete waren vor dem menschlichen Eingriff bewaldet.

28,8 %
waren im Jahr 2015 noch bewaldet.

75 %
des Trinkwassers weltweit kommen aus bewaldeten Wassereinzugsgebieten.

Wenn Wassereinzugsgebiete, also der Bereich, aus dem eine Quelle oder ein Fluss sein Wasser speist, bewaldet sind, steigen die Verfügbarkeit und Qualität des Wassers.

Wenn Wasser auf einen intakten Waldboden trifft, wird durch Laub, Moose und Totholz die Fließgeschwindigkeit des Wassers verringert, sodass es mehr Zeit hat, in den Waldboden zu sickern, wo es durch die Poren des Bodens wie von einem Schwamm aufgesogen wird. Dabei filtern u. a. die Wurzeln der Bäume, Pilznetzwerke und Mikroorganismen das Wasser, welches langsam zum Grundwasser sickert. So schützen Wälder einen Großteil unserer Trinkwasservorräte.

Leider ist bereits mehr als die Hälfte des Bestands in Wassereinzugsgebieten zerstört worden, seit der Mensch in die Waldökosysteme eingreift. Ohne intakte Wälder nimmt die Fähigkeit des Bodens ab, Wasser zu speichern, zu filtern und mit Mineralien anzureichern.

Mittlerweile sind daher weltweit rund 25 % aller bewaldeten Wassereinzugsgebiete unter Schutz gestellt.

Der Wasserkreislauf von Wäldern

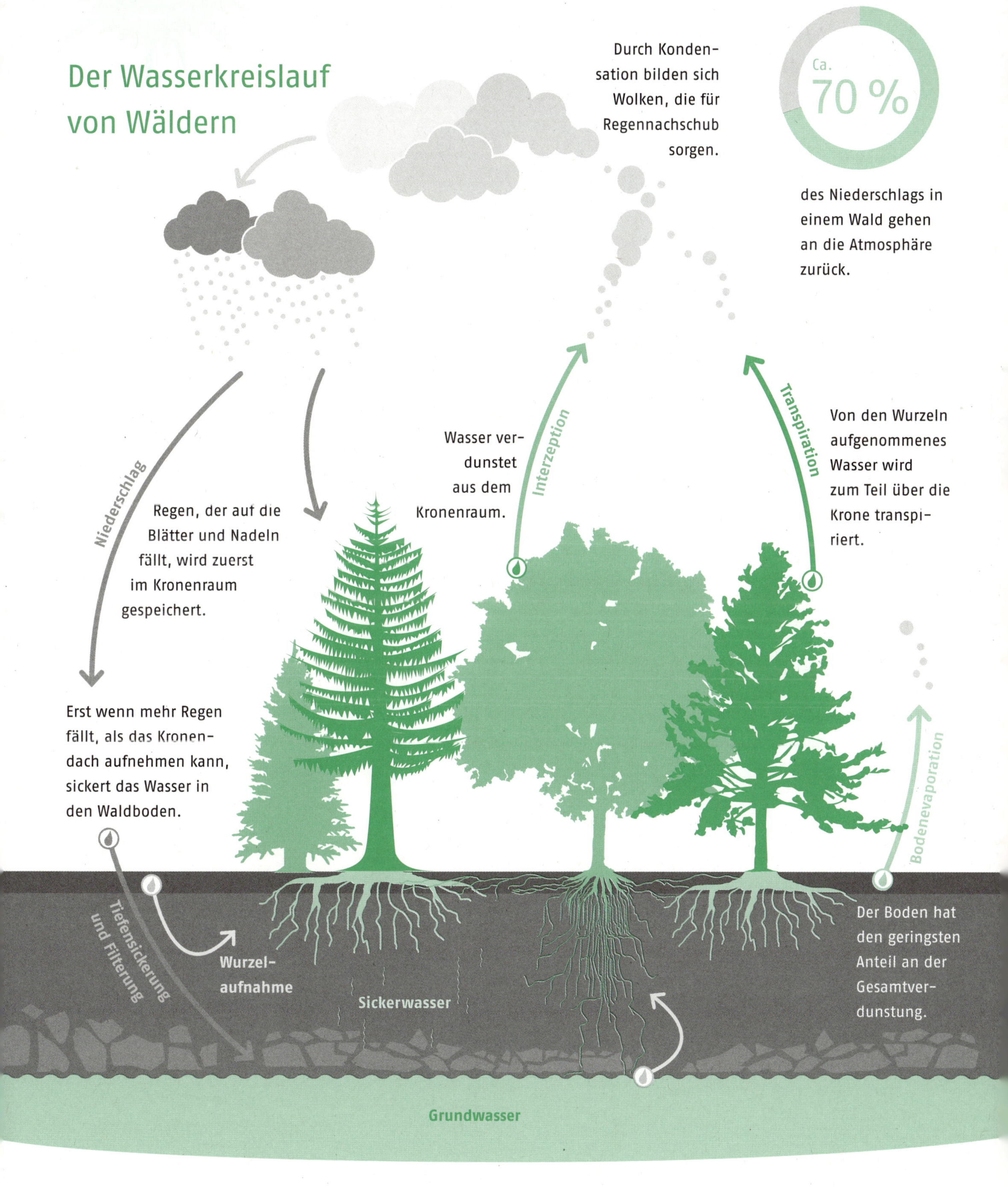

Quellen: FAO (2018), Markart & Kohl (2009), Zimmermann et al. (2008)

Ein komplexes Nahrungsnetz

Landnutzungswandel, Wilderei und Übernutzung der Wälder führen zum Rückgang der Biodiversität und beeinträchtigen dadurch die Regenerationsfähigkeit der Wälder.

Denn: Tiere spielen in Waldökosystemen eine entscheidende Rolle, u. a. helfen sie bei der Verjüngung des Waldes durch Bestäubung oder Samenausbreitung. Sobald eine Art aus dem Nahrungsnetzwerk verschwindet oder stark zurückgeht, leidet das gesamte Ökosystem, da Tiere und Pflanzen in einem fragilen Gleichgewicht voneinander abhängig sind.

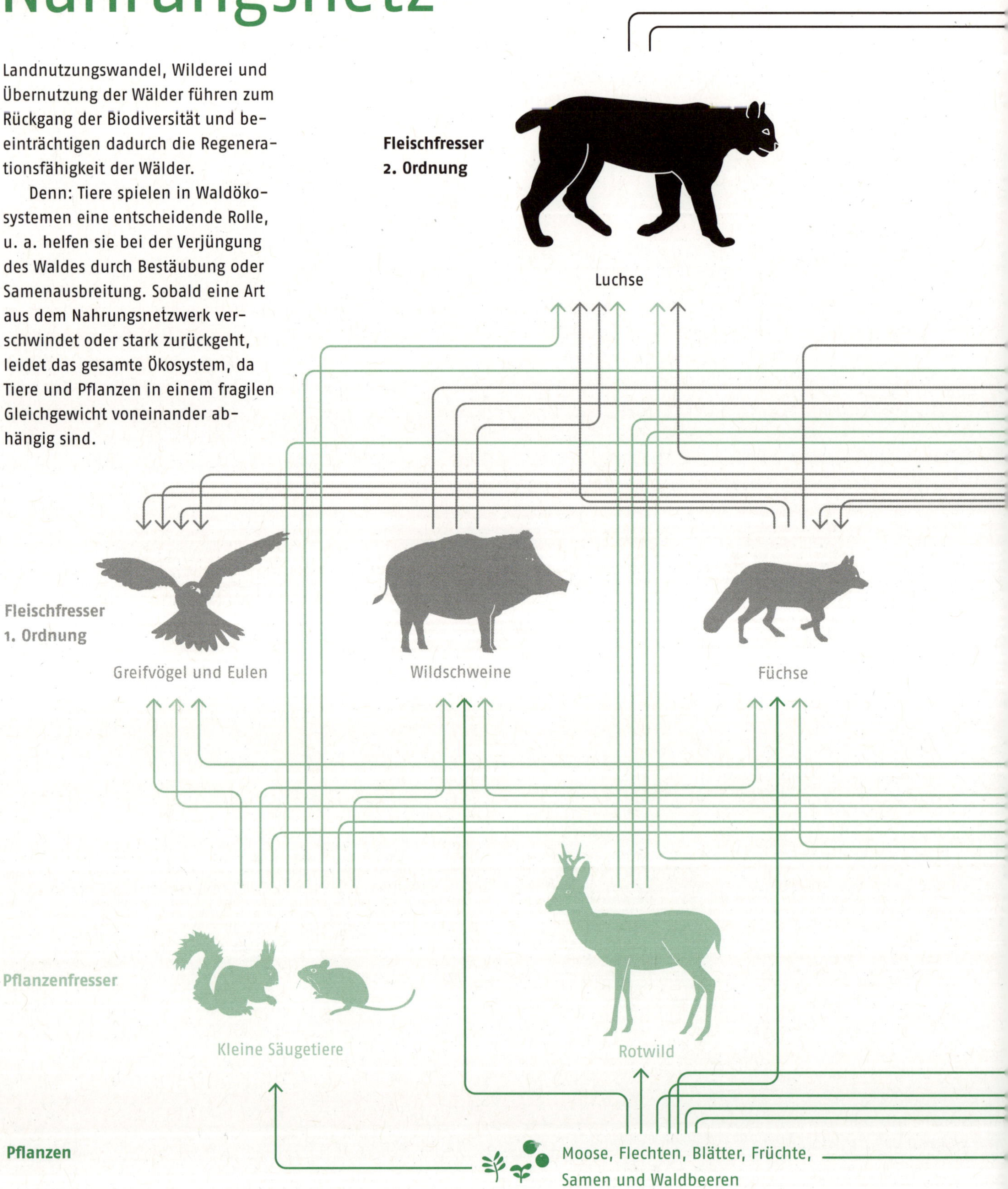

Ca. 80 % der Tier- und Pflanzenarten, die an Land leben, sind in Wäldern heimisch.

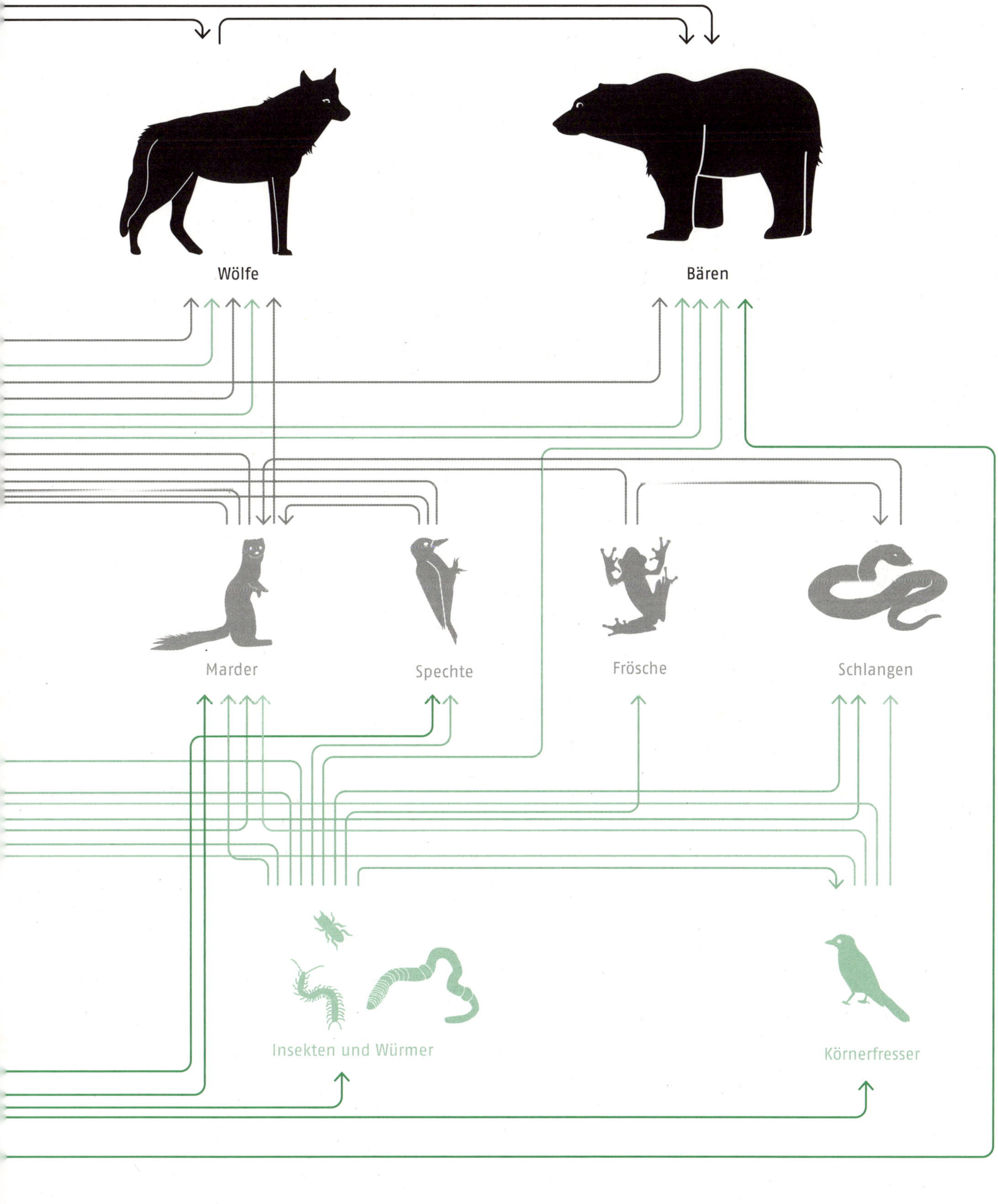

Quellen: siehe Seite 115

Die Bedeutung von Totholz

11 % des Kohlenstoffs eines Urwaldes sind im Totholz gespeichert.

1200 **Pilzarten** leben nicht nur sichtbar auf, sondern auch unsichtbar im Totholz, als feine Netzwerke. Sie sorgen für den Nährstoffkreislauf im Wald.

Ca. **50 %** der jungen Fichten wachsen in Gebirgswäldern auf Moderholz.

Reptilien und Amphibien nutzen hohle Stämme zum Überwintern.

Insekten tragen u. a. zum Abbau des Holzes bei und sind zudem Nahrungsquelle für Vögel, Reptilien und viele andere Tiere.

Wildbienen nutzen das Totholz zur Eiablage, während Blattwespen es zum Überwintern bevorzugen.

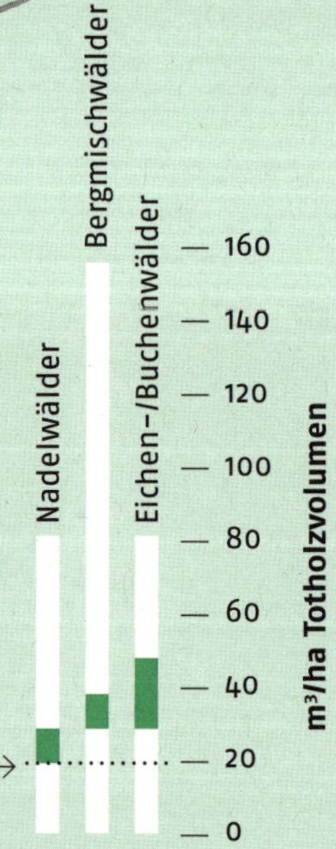

Grenzbereich
Der weiße Balken zeigt die Bandbreite der untersuchten Wälder*, grün das Minimaltotholzvolumen, das für das Überleben der meisten Insektenarten notwendig ist.

Abgestorbene Äste, umgefallene Bäume, noch aufrecht stehende, tote Bäume oder Baumstümpfe: All das wird als »Totholz« bezeichnet. Es ist ein wichtiger Lebensraum und Nahrungsquelle für viele Tiere und Pflanzen, die in vielfältiger Weise beim Abbau des Holzes zusammenarbeiten.

In einem Primärwald ist der Waldboden oft mit einer dicken Schicht verrottendem Holz in unterschiedlichen Zersetzungsstadien bedeckt: Teilweise sprießt die Hälfte der Jungbäume auf Moderholz.

In deutschen Wäldern, die hauptsächlich aus Sekundärwald und bewirtschafteten Waldflächen bestehen, hat die Forstwirtschaft das Totholzdefizit erkannt. In den letzten 20 Jahren ist der Totholzanteil von 12 auf über 20 m³/ha gestiegen und soll weiter auf 30 m³ anwachsen, die viele Insektenarten zum Überleben benötigen. Zum Vergleich: In den europäischen Urwäldern liegt der durchschnittliche Totholzvorrat bei rund 140 m³ pro Hektar.

Quellen: BWI (2012), Hobi et al. (2014), *Lachat et al. (2019), Purahong et al. (2018), Weber (1999)

Waldbrände im Fokus

Der CO_2-Gehalt der Atmosphäre steigt.

Ca. **264.000** Menschen sterben jährlich frühzeitig an Lungenkrankheiten, die in direktem Zusammenhang mit Bränden stehen.

Die Ökosysteme der Erde wurden seit Millionen von Jahren stetig durch Brände verändert, in einigen Ökosystemen sind Feuer sogar essenziell wichtig.

400 Mio.

Brände heizen das globale Klima an durch Veränderung der Atmosphäre, Böden, Wasserkreisläufe und Landschaften.

Nach einem Brand kann sich durch natürliche Prozesse eine höhere Artenvielfalt entwickeln. Die Waldverjüngung wird angetrieben, und Schädlinge werden ausgelöscht.

Ca. 96 % **der Waldbrände** werden weltweit durch Menschen entzündet, nur 4 % sind auf natürliche Ursachen wie Blitzeinschlag zurückzuführen.

Brandvorsorge durch Ausdünnen und kontrolliertes Abbrennen von Waldteilen ist in vielen Ländern eine verbreitete, wichtige Maßnahme.

Dürren, andauernde Hitzewellen und starke Winde führen zu schneller Ausbreitung von Waldbränden. Feuerbegünstigende Wetterlagen nehmen seit 1980 zu.

Waldfläche, die 2001–2018 pro Jahr durch Feuer zerstört wurde: 116 Mio. ha

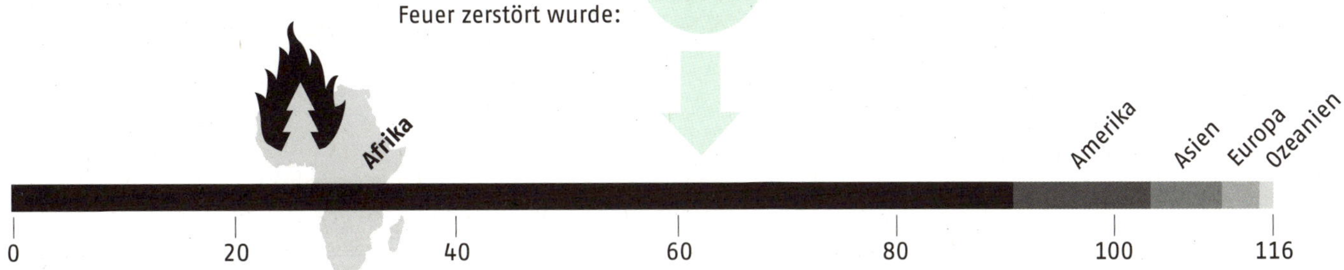

Mio. ha Waldbrände nach Kontinenten (jährlicher Durchschnitt)

Quellen: Andela et al. (2017), FAO (2020), Hirschberger et al. (2017)

Status der Wälder

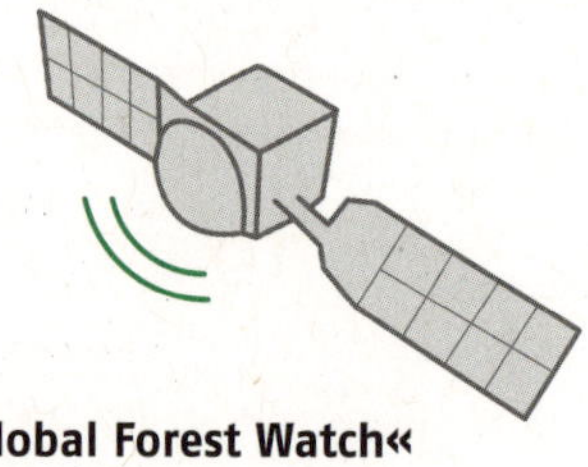

»Global Forest Watch« bietet seit 2014 eine interaktive Onlinekarte und App mit täglich aktualisierten Satellitendaten zu Entwaldung und Aufforstung weltweit: **globalforestwatch.org**

Geschätzte

420 Mio. ha

Nettowaldverlust seit 1990 durch geänderte Landnutzungsformen

Seit Beginn der industriellen landwirtschaftlichen Nutzung werden Wälder in großem Stil zerstört, besonders im globalen Süden. Es gibt jedoch auch Teile der Erde, in denen innerhalb der letzten 20 Jahre mehr Bäume gepflanzt als gefällt wurden: China kann mit der größten aufgeforsteten Fläche aufwarten (allerdings vor allem Plantagen, häufig mit ökosystemfremden Baumarten) gefolgt von Australien und Chile.

Das Problem: Selbst Aufforstungen, die Ökosysteme erzeugen, die den natürlichen ähnlich sind, können einen Primärwald mit intaktem, teils jahrtausendealtem Ökosystem nicht ersetzen. Diese Wälder sind besonders wertvoll, und es müssten weitaus mehr als die zurzeit 22 % unter Schutz gestellt werden.

Ca. **1/4**

der Landmasse der Erde ist von Wäldern bedeckt.*

*Ohne Baumplantagen

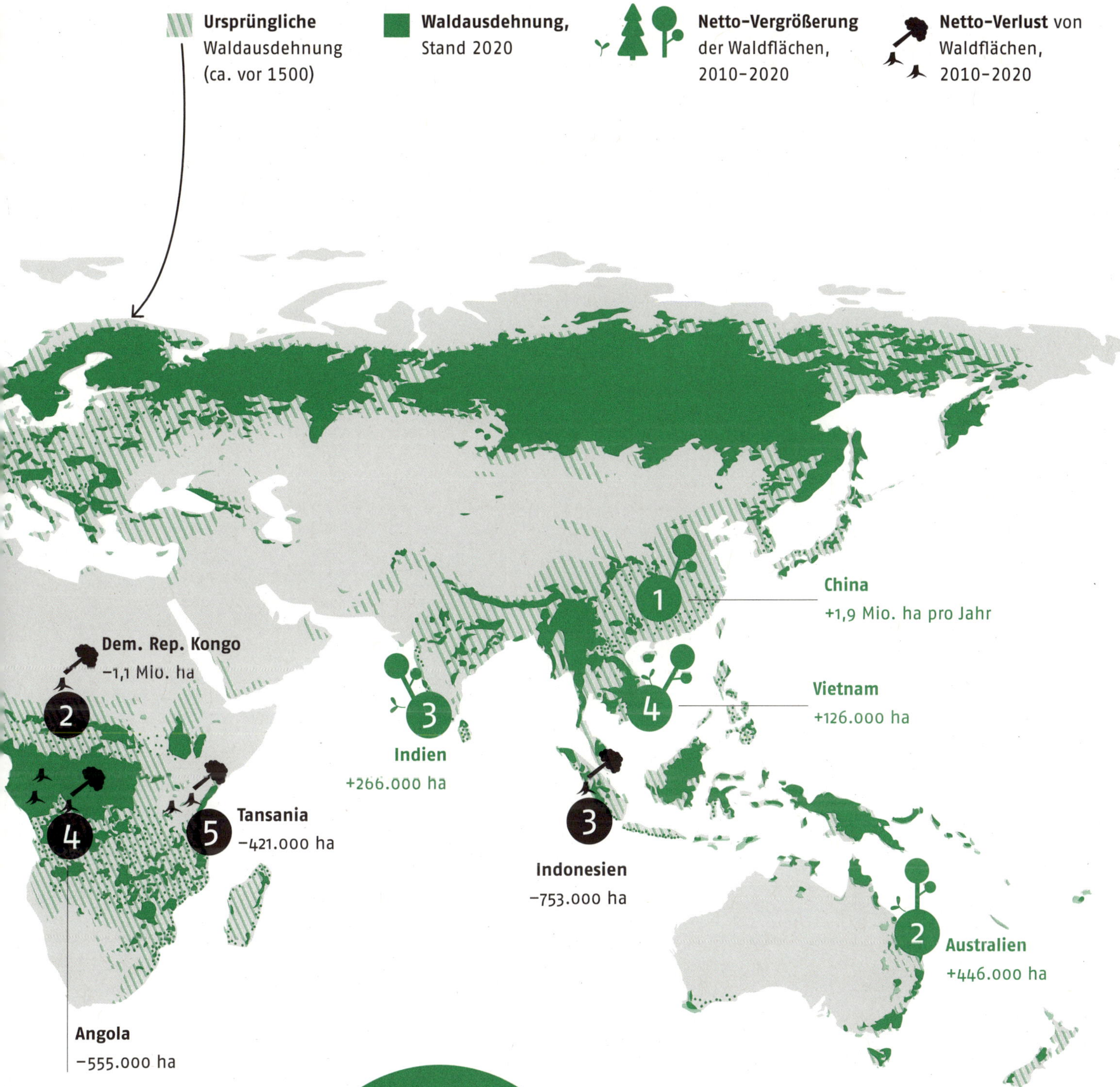

Quellen: FAO (2020), GFW (2021), Mackey et al. (2015), UNEP-WCMC (2014), Watson et al. (2018)

»Wälder sind für uns Menschen und viele andere Arten überlebenswichtige Ökosysteme. Sie sind aber noch viel mehr: beeindruckend in ihrer Vielgestaltigkeit, wichtig für das Weltklima und von unerwarteter ökonomischer Relevanz. Vor allem aber sind sie sehr komplex, und es ist nicht einfach, den Überblick zu behalten, wie die Bäume des Waldes mit allen anderen im Wald lebenden Arten verbunden sind, was es mit nachhaltiger Waldbewirtschaftung auf sich hat und wodurch die Wälder weltweit gefährdet sind.«

Prof. Dr. Christian Ammer,
Universität Göttingen

Wald und Klima

Die Klimakrise – kurz erklärt

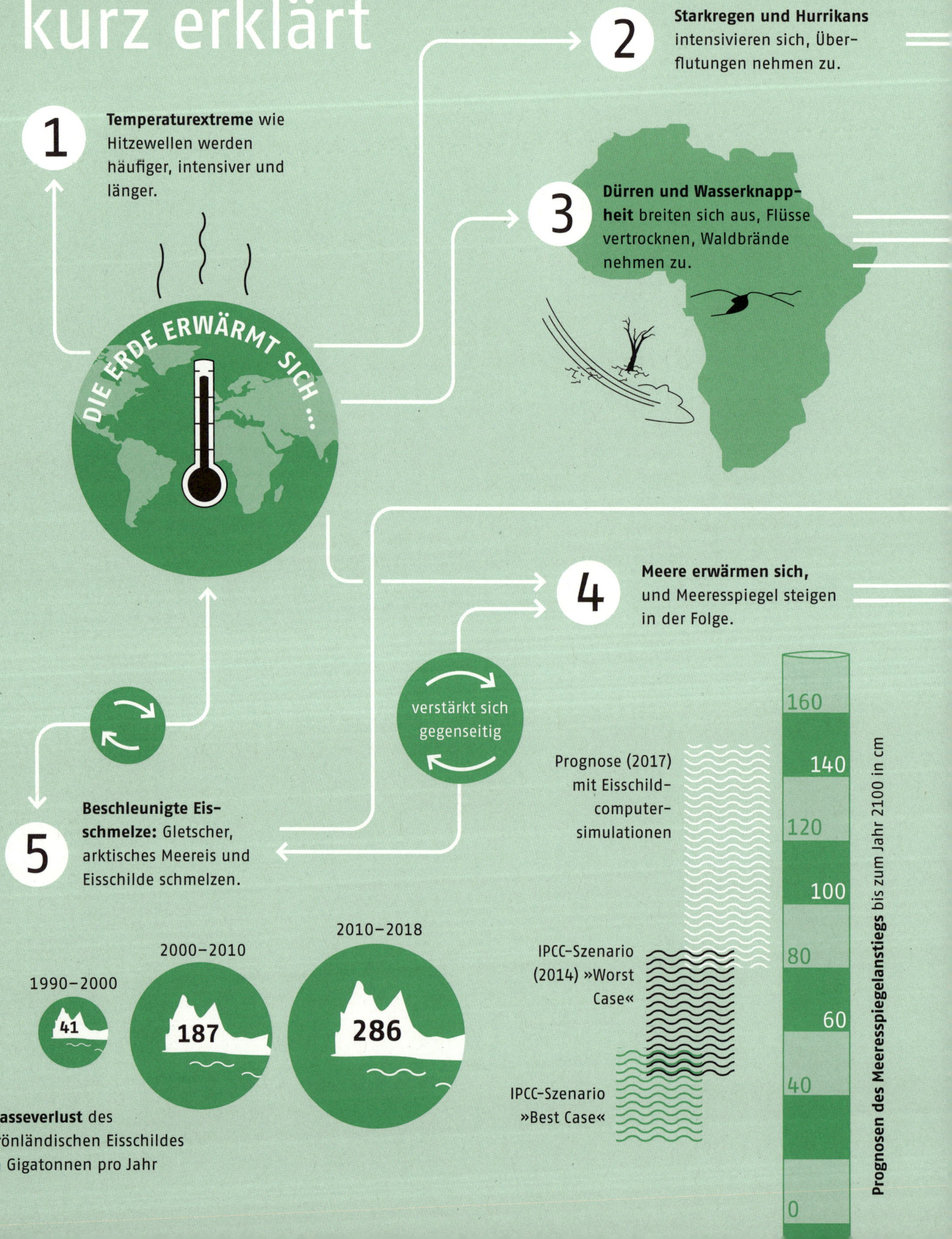

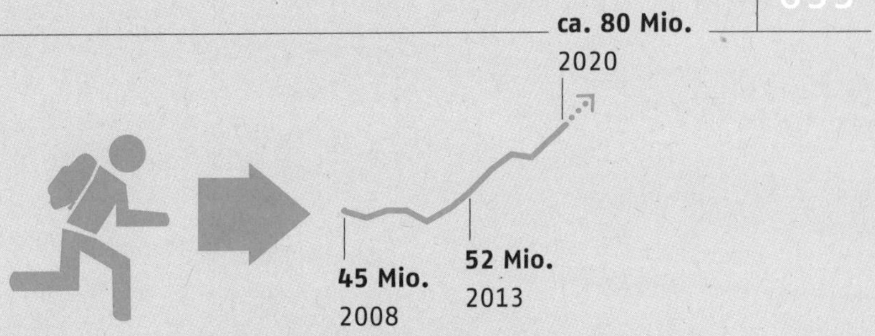

Missernten nehmen zu: Bauern verlieren ihre Lebensgrundlage. Die Folgen sind existenziell, auch für die von ihnen gehaltenen Tiere.

Weltweit sind geschätzte 270 Mio. Menschen vom **Hungertod** bedroht.

Die Hälfte der Weltbevölkerung lebt in Gebieten mit Wasserknappheit, im Jahr 2050 werden es bis zu 5,7 Mrd. sein. 68 % des Trinkwassers sind in Form von Gletschern auf der Erde gespeichert.

Ab 1 °C Temperaturanstieg bleichen Korallenriffe aus und sterben ab, die Biodiversität nimmt in der Folge ab. 25 % aller Meereslebewesen sind von Korallenriffen abhängig.

Rund 153 Millionen Menschen sind in Zukunft vom Meeresspiegelanstieg bedroht, da sie in überschwemmungsgefährdeten Küstengebieten leben.

Deiche und Dammanlagen müssen mit großem finanziellen Aufwand weltweit verbessert und vergrößert werden, nicht alle Staaten können sich das leisten.

Die Zahl der flüchtenden Menschen steigt: 80 Millionen sind es aktuell (Stand: Okt. 2020), jeden Tag kommen rund 44.000 Menschen hinzu.

Ein Rückgang der Artenvielfalt um 60 % wurde innerhalb der letzten 40 Jahre beobachtet, der Trend wird durch die Klimakrise verstärkt.

70 % unserer Nahrung hängen direkt von der Bestäubung durch Bienen und anderer Insekten ab, daher hat das rapide Insektensterben drastische Auswirkungen auf unsere Nahrungsmittelproduktion.

Für mehr als 1 Milliarde Menschen weltweit ist Fisch die primäre Nahrungsquelle.

Die anthropogenen Veränderungen des Klimasystems können zur existenziellen Gefährdung für den Menschen werden.

Quellen: siehe Seite 116

Warum unser Klima ...

Boreale Wälder erwärmen ihr Umfeld: Durch ihre niedrige Albedo* absorbieren sie fast die gesamte Sonnenenergie (ca. 92 %) und erwärmen so die Luft, die sie umgibt.

Tropische Regenwälder kühlen durch starke Verdunstung und Wolkenbildung ihre Region und haben dadurch sogar kühlenden Einfluss auf das Weltklima.

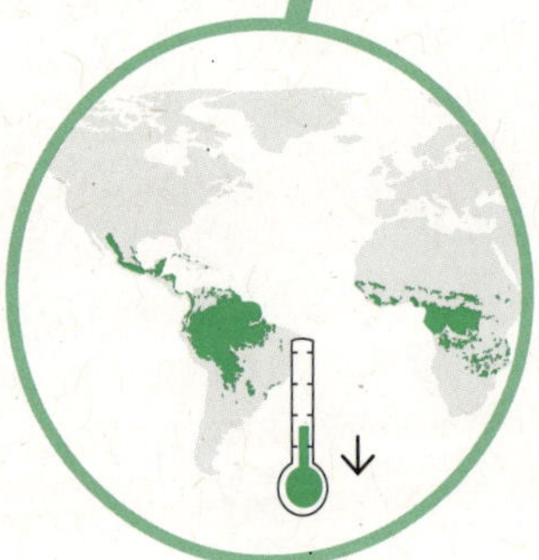

Dichte Primärwälder und Sekundärwälder haben, wenn sie nachhaltig oder gar nicht bewirtschaftet werden, ihr eigenes Mikroklima. Die Luft und der Boden sind dort feuchter und kühler als auf unbewaldeten Landflächen.

Lichte Monokulturbaumplantagen degradieren Böden. Je nach Anbaupraktik und Baumart können der Grundwasserspiegel und die Trinkwasserqualität dadurch sinken.

Quellen: Artaxo et al. (2018), Centritto et al. (2011), Sanderson et al. (2012)

... auf intakte Wälder angewiesen ist

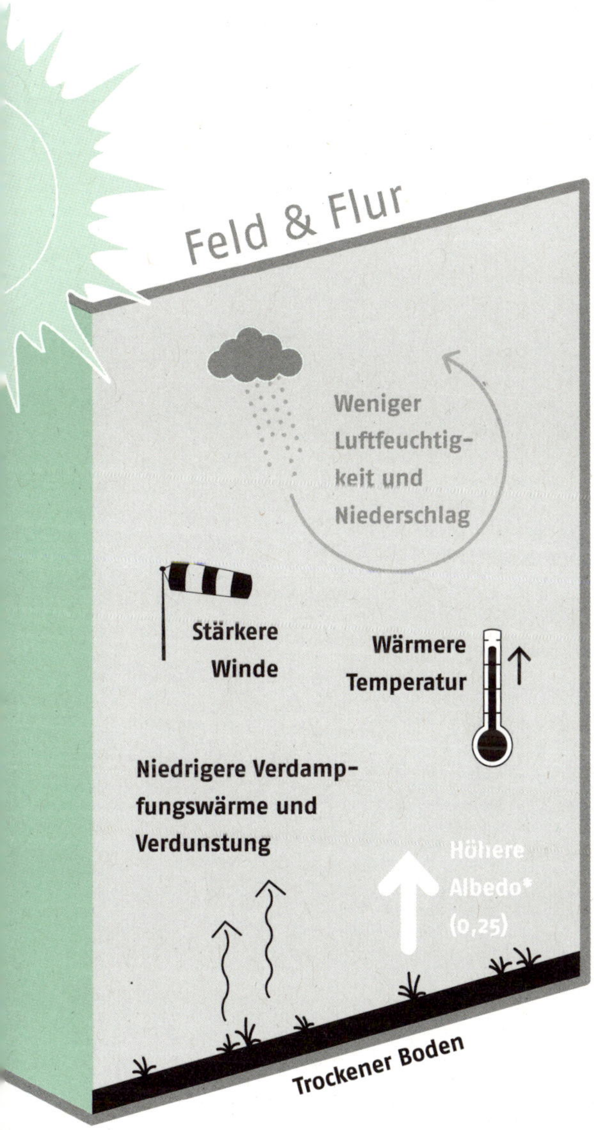

Wälder sind Klimaschützer, sie entziehen der Atmosphäre ca. 28 % der von Menschen verursachten CO_2-Emissionen.

Aufforstung und Renaturierung sind, wenn es mit der Reduktion von CO_2-Emissionen einhergeht, eine effektive Klimaschutz-strategie, um langfristig CO_2 zu binden.

Umgerechnet ca. 296 Gigatonnen CO_2 sind weltweit in der über- und unterirdischen Biomasse von Wäldern in Form von Kohlenstoff gespeichert. Durch weitere Entwaldung und Degradierung würden Teile davon freigesetzt.

Komplexe Kohlenstoffkreisläufe

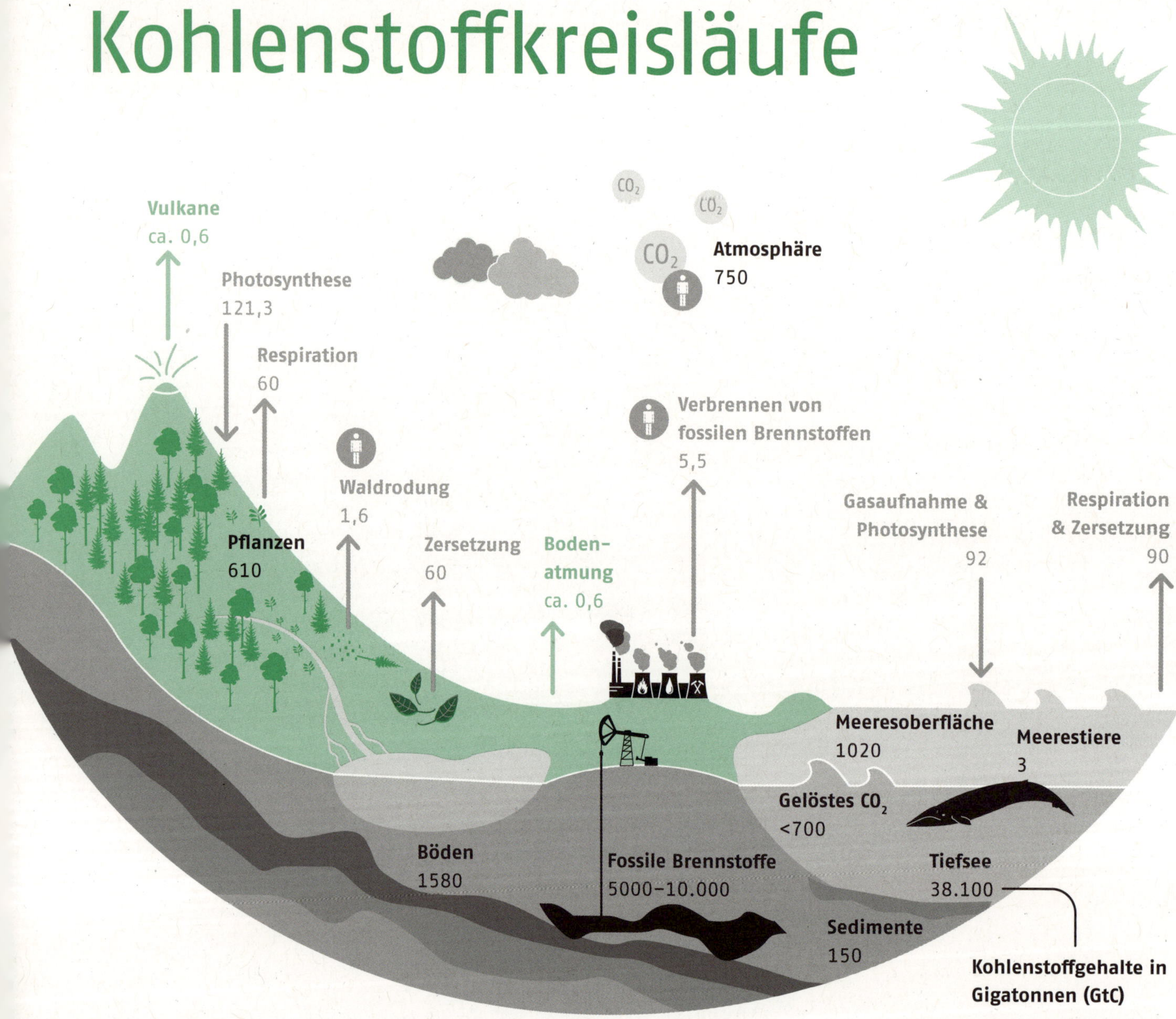

Kohlenstoffgehalte in Gigatonnen (GtC)

→ Kohlenstoffflüsse in GtC pro Jahr

→ stark schwankende Kohlenstoffflüsse in GtC pro Jahr

Veränderung durch den Menschen

CO_2 **Umrechnung:**
100 Gt CO_2 enthalten 27 Gt Kohlenstoff.

In einem globalen Kreislauf wird Kohlenstoff, ein grundlegender Bestandteil allen Lebens auf der Erde, aufgenommen, gespeichert und wieder an die Atmosphäre abgegeben.

Durch menschliche Aktivitäten gelangen zusätzlich große Mengen Treibhausgase wie CO_2 und Methan in die Atmosphäre, erwärmen sie und führen zu Rückkopplungen im Klimasystem: Tauende Permafrostböden in der Arktis setzen Methan frei, was wiederum das Potenzial hat, die Atmosphäre und damit auch die Landmassen und Ozeane weiter zu erwärmen. Das führt u. a. zu veränderten Ozeanzirkulationen und zu geringerer Aufnahme von CO_2 in den Weltmeeren.

22,6 kg CO_2 speichert ein Baum in den Tropen durchschnittlich pro Jahr.

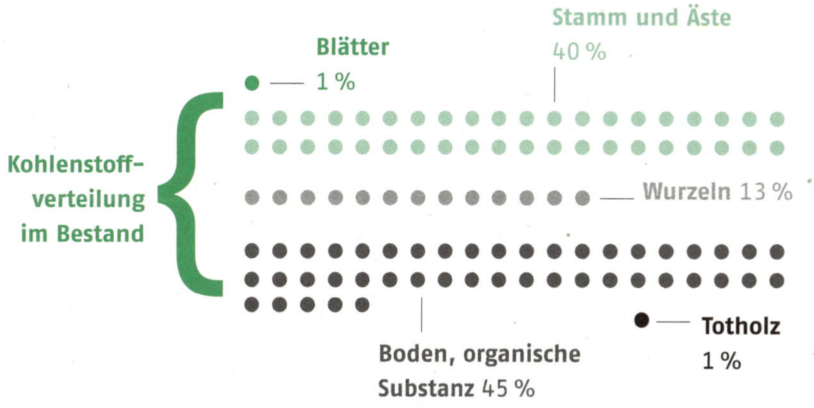

Während der Vegetationsperiode auf der Nordhalbkugel (Mai–Oktober) sinkt die CO_2-Konzentration in der Atmosphäre. Je grüner es wird, desto mehr CO_2 wird bei der Photosynthese von Blättern aufgenommen und als Kohlenstoff, im Baum verteilt, gespeichert.

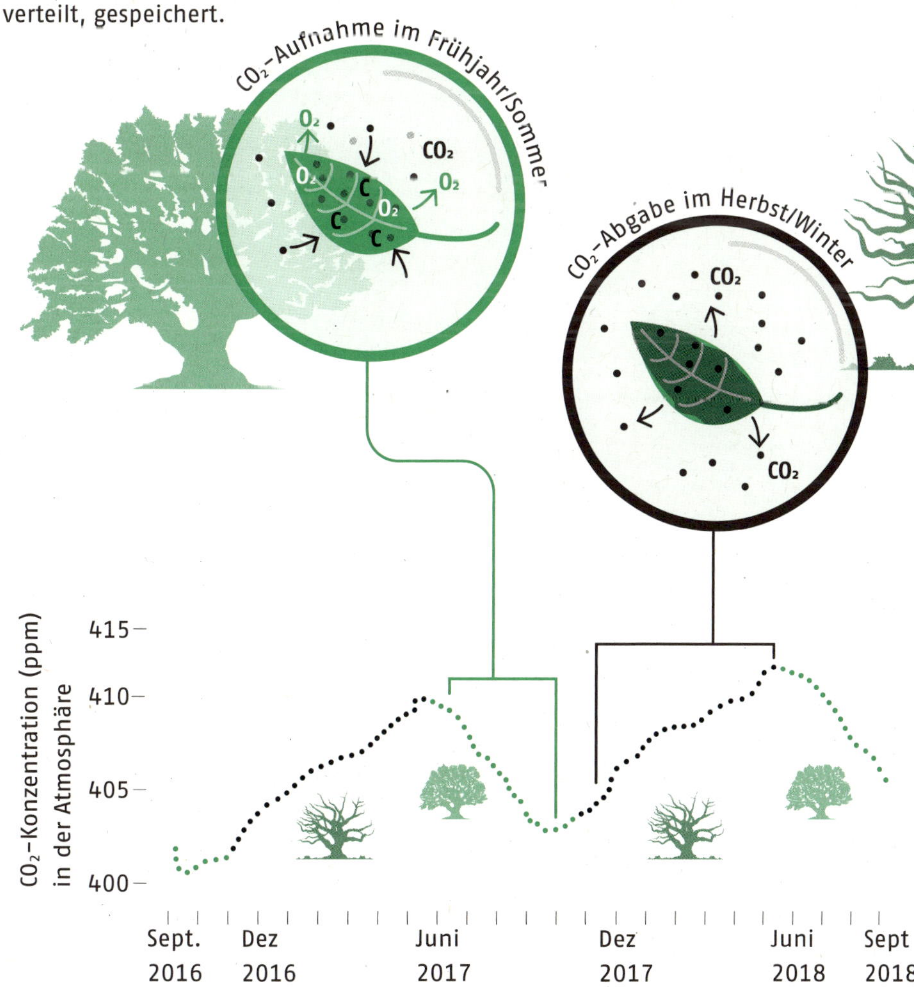

Wenn es im Oktober auf der Nordhalbkugel kälter wird, tritt Vegetationsruhe ein, und die CO_2-Konzentration in der Atmosphäre steigt an. Je mehr Blätter von den Bäumen fallen und mineralisiert werden, desto mehr Kohlenstoff wird aus ihnen freigesetzt. Zudem setzen blattlose Bäume auch im Winter CO_2 frei.

Quellen: Betts et al. (2008), FAO (2018), IPCC (2014), MPG (2010), Gough et al. (2008), WRI (2018)

Deutscher Wald als CO_2-Speicher

Deutsche Wälder und die heimische Holzproduktion leisten einen wichtigen Beitrag zum Klimaschutz: Sie reduzieren die jährlichen Treibhausgas-Emissionen um etwa 14 %.

Im deutschen Wald sind umgerechnet je Hektar ca. 660 Tonnen CO_2 in lebenden Bäumen, Totholz und im Humus gespeichert. Auch in langlebigen Holzprodukten wie z. B. Bauholz oder Parkett wird über 100 Jahre und länger CO_2 gebunden. Die Kombination von Baumwachstum und Holzernte für eine langlebige Verwendung ist also ein idealer Beitrag zur CO_2-Senkung – umso mehr, wenn Holz sehr energieintensive Werkstoffe wie Stahl, Beton oder Aluminium ersetzt.

Dabei ist eine **nachhaltige Forstwirtschaft** der wichtigste Faktor für die Klimaschutzwirksamkeit: Generationenübergreifend sollten durch sorgsame Ressourcennutzung die ökologischen, wirtschaftlichen und sozialen Funktionen des Waldes erhalten bleiben. Die Bewahrung der wesentlichen Ökosystemleistungen und der natürlichen Regenerationsfähigkeit des Waldes muss dabei Priorität vor wirtschaftlichen Interessen haben.

Waldspeicher

58 Mio. t

Ca. 1 Tonne CO_2 wird pro Kubikmeter Holz gespeichert.

Quellen: Bauhus et al. (2017), Spellmann (2019), BMEL (2018), Weingarten et al. (2016)

127 Mio. t CO_2-eq*

wurden 2014 durch den Forst- und Holzsektor in Deutschland eingespart bzw. gespeichert.

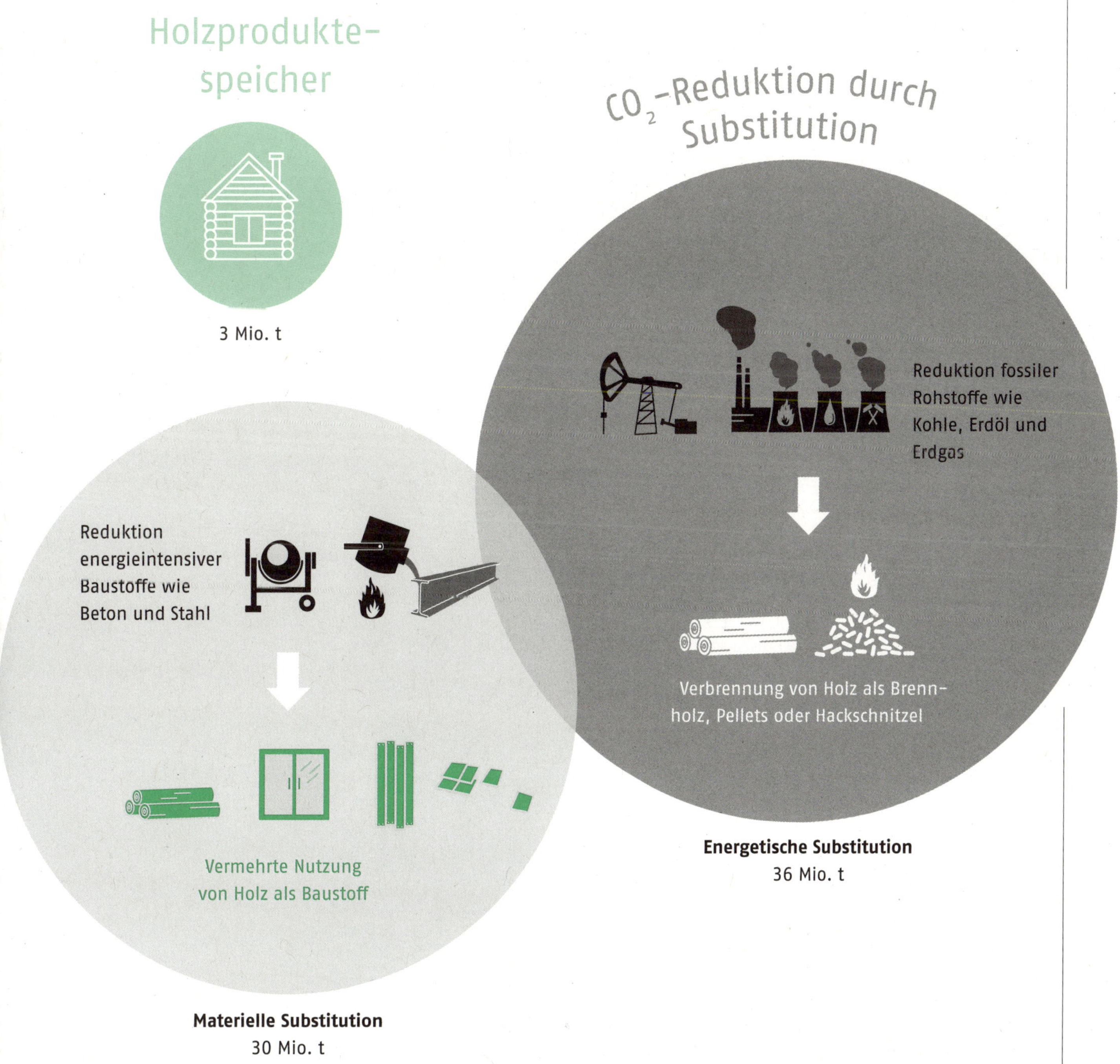

*Kohlendioxid-Äquivalente: Für eine bessere Vergleichbarkeit werden alle Treibhausgase (z. B. auch Methan) im Bezug auf ihre Klimawirksamkeit »äquivalent zur Wirkung von CO_2« umgerechnet.

Emissionen durch Regenwaldrodung

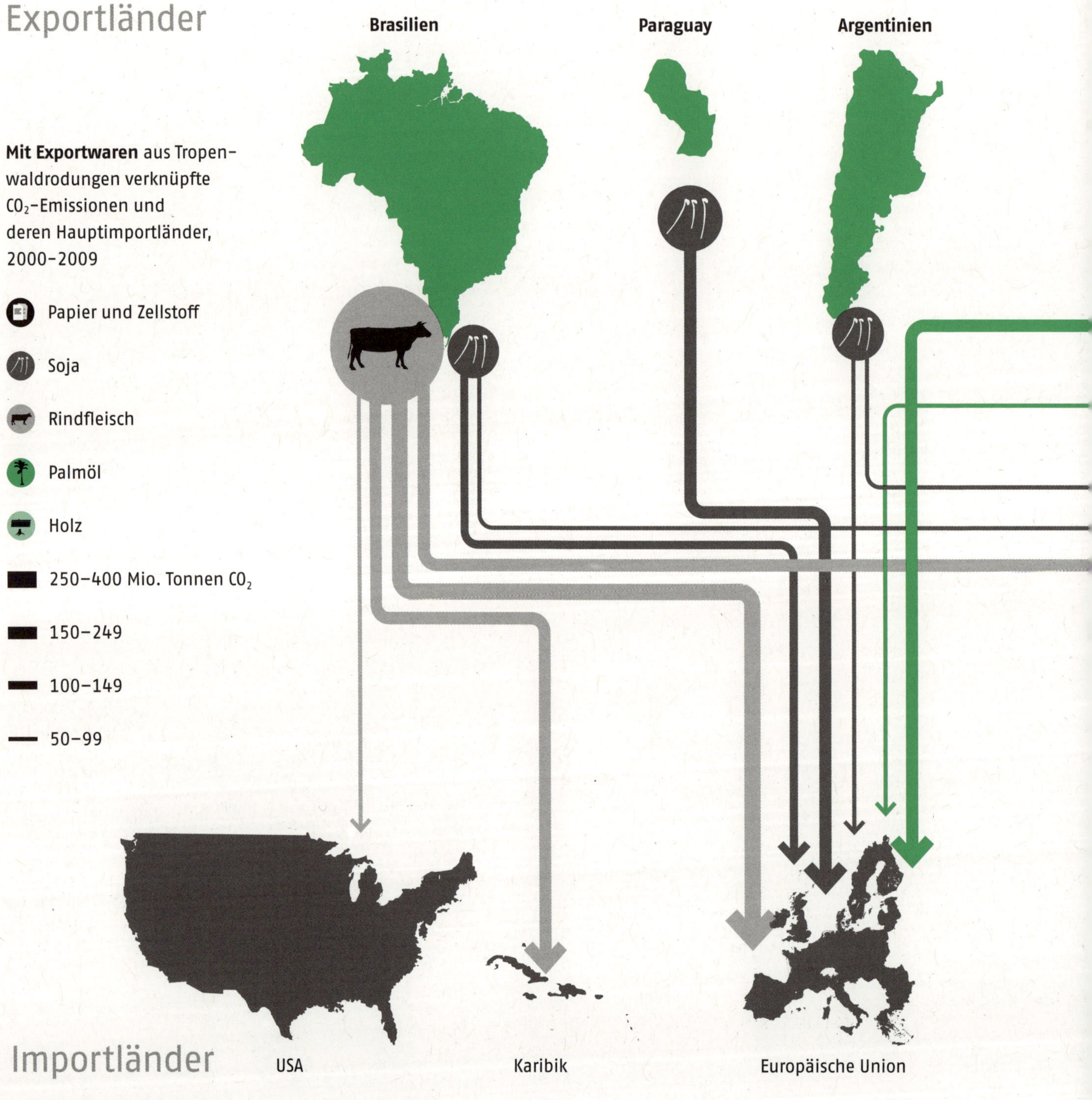

Für Warenimporte in die Europäische Union wurden 2000–2009 in den Tropen jährlich Flächen entwaldet, auf die ca. 1 Million Fußballfelder passen. Dadurch wurden insgesamt mindestens 1000 Millionen Tonnen CO_2 freigesetzt.

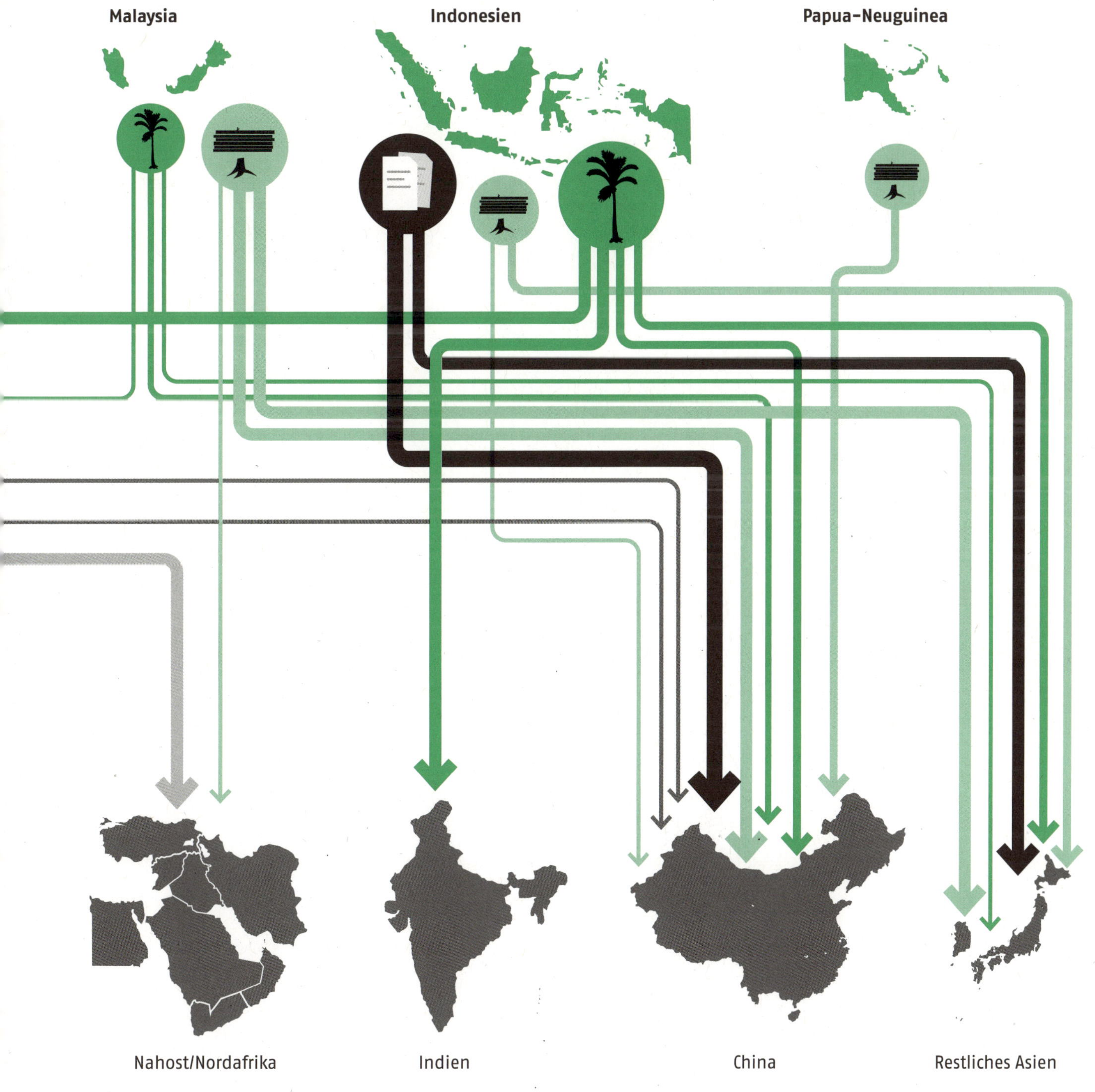

Quellen: Cuypers et al. (2013), Henders et al. (2015)

Wenn das Klima trockener wird …

… erobern Bäume neue Lebensräume.

Durch die Verschiebung von Klimazonen verändert sich auch die natürliche Baumartenmischung: Während Nadelbäume sich gen Norden ausbreiten, dehnen sich Laubwälder z. B. in den niederschlagsreicheren Westen der USA aus.

… nehmen Insektenbefall & Krankheiten zu.

Vor allem Nadelbäume werden durch Wasserknappheit anfälliger für Insektenbefall wie den Borkenkäfer, der von lang anhaltenden Dürren profitert und u. a. in Westkanada und den USA Hunderte Millionen Hektar Wald zerstört hat.

… sterben Wälder.

In Kalifornien (USA) sind nach 5 Dürrejahren in Folge mehr als 100 Mio. Bäume abgestorben, und Millionen mehr wurden geschwächt.

… schwindet die Artenvielfalt.

Hoch spezialisierte Baumarten, die z. B. für die Fortpflanzung auf Vögel angewiesen sind, wie die Weißstämmige Kiefer (Pinus albicaulis), können vom Aussterben bedroht sein, wenn sich das Klima in ihrem Lebensraum schnell verändert.

… wachsen Bäume langsamer.

Bei Wasserknappheit nimmt die Wachstumsrate ab, einige Bäume stoppen ihr Wachstum sogar. Blätter werden vorzeitig abgestoßen, um weiteren Wasserverlust zu verhindern.

… verändert sich der CO_2-Kreislauf.

Dürren stören Ökosystemprozesse wie Kohlenstoff- und Wasserkreisläufe in Wäldern. Unter Stress können tropische Wälder zu CO_2-Emittenten statt -Senken werden und so die Lage noch verschlimmern.

... trocknet der Boden aus.

Flüsse und Grundwasser sind durch reduzierten Niederschlag und höhere Verdunstung direkt von Dürren betroffen, Niveau und Wasserqualität nehmen ab.

... verstärken sich Dürren weltweit.

Ausgelöst durch starke landwirtschaftliche und industrielle Nutzung des Grundwassers sowie Überpopulation und durch heißere, trockenere Sommer, haben Dürren in vielen Teilen der Welt weitreichende Folgen.

... überleben weniger Jungbäume.

In Dürrezeiten ist die Bodenfeuchtigkeit für Samen zu gering, um austreiben zu können; Sämlinge erreichen mit ihren kurzen Wurzeln die feuchteren Bodenschichten nicht und sterben ab.

... breiten sich invasive Arten aus.

Fremde Arten können eine Austrocknung der Böden bewirken und heimische Arten verdrängen, wie z. B. in Südafrika: 6–12 Jahre nach Anpflanzung von Eukalyptusplantagen sind dort Flüsse ausgetrocknet, und die Bäume haben sich schnell weiter ausgebreitet.

... steigt die Waldbrandgefahr

Nach 3-jähriger Dürre und bei Rekordtemperaturen sind in Australien von September 2019 bis Februar 2020 rund 5,8 Mio. Hektar Wald verbrannt, 21 % der Gesamtwaldfläche Australiens.

Quellen: BOM (2019), Fei et al. (2017), Forsythe et al. (2004), Kolb (2019), Malhi & Philips (2005), NCC (2020), Vose et al. (2015)

Aufforstung als Klimaschutzstrategie?

Bei der Aufforstung sollten Klima und Biodiversität sowie soziale Aspekte im Fokus stehen, damit sie erfolgreich sein kann.

ERWÄRMUNG
In den nördlichen Breiten ist der Wärmeeffekt von Bäumen größer als der Kühlungseffekt durch CO_2-Aufnahme. In Nordkanada oder Sibirien würde durch Aufforstung eine Erwärmung der Atmosphäre stattfinden (siehe Seite 34).

BIODIVERSITÄT
In den Afrikanischen Savannen und Grasebenen können Aufforstungen die Artenvielfalt verringern, dort wird z. B. Feuer als wichtiger natürlicher Ökosystemprozess benötigt, Aufforstungen wären also kontraproduktiv, Renaturierungen hingegen sinnvoll.

SOZIALE ASPEKTE
In den tropischen Regenwäldern können Saatgutbanken, die zur Aufforstung benötigt werden, von der indigenen Bevölkerung angelegt werden und zum Einkommen beitragen.

Waldschutz, Wiederaufforstung und Renaturierung von degradiertem Land sind wichtige, kostengünstige und effiziente Klimaschutzmethoden, die dabei helfen können, die Erwärmung der Erde bis 2050 auf 1,5 Grad zu begrenzen. Fakt ist: Dem Klima hilft es mehr, großflächige Entwaldungen zu stoppen und Emissionen aus fossilen Brennstoffen zu reduzieren, als neue Bäume zu pflanzen, die Jahrzehnte benötigen, um heranzuwachsen, und mit den neuen klimatischen Bedingungen zurechtkommen müssen.

Bei der Aufforstung sollten die zukünftigen klimatischen Veränderungen berücksichtigt werden: Während sich boreale und temperierte Wälder durch die globale Erwärmung ausbreiten könnten, wird es große klimatisch bedingte Waldverluste in den Tropen geben: Forscher schätzen, dass es im Jahr 2050 bei unvermindertem Emissionsanstieg 450 Millionen Hektar weniger Regenwald geben wird. Hinzu kommen Waldverluste durch die wachsende Weltbevölkerung und den daraus resultierenden steigenden Bedarf an Agrarflächen und Holz. In den Tropen müssen Wiederaufforstungen also am dringendsten vorangetrieben werden.

Quellen: Bozzano et al. (2014), Campos-Filho et al. (2013), Hunt (2002), Rinaudo (2014)

Welche Pflanzmethoden sind zeitlich und finanziell sinnvoll?

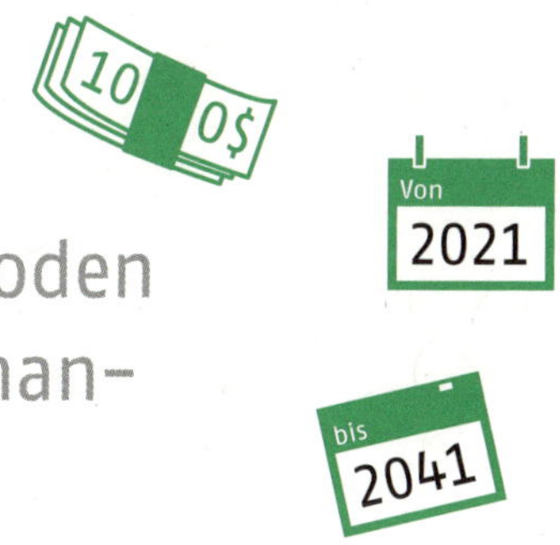

1 **Renaturierung** abgeholzter und degradierter Flächen, in denen unterirdisch noch Wurzelsysteme vorhanden sind, durch natürliche Prozesse und minimalen menschlichen Eingriff. Das geht etwa durch Trimmen und die Aussaat indigener Arten.

Niger

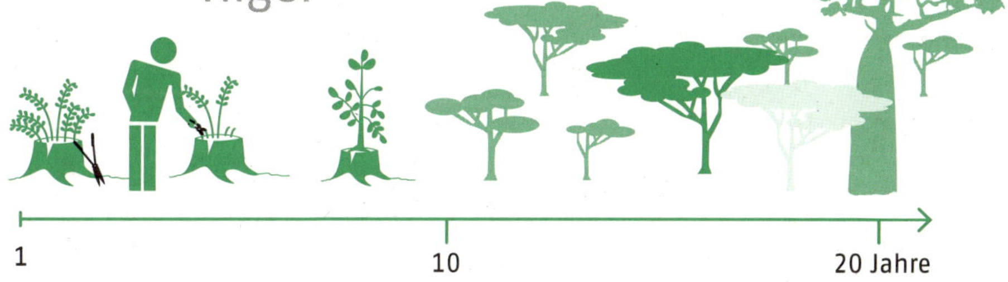

Wüste mit Baumstümpfen

Arbeitsaufwand:
gering

Kosten:
ca. 0–20 US$ pro Hektar

Auf 5 Mio. Hektar:
ca. 200 Mio. Bäume

100 % überleben.

2 **Direkte Samenaussaat** von 200 unterschiedlichen Arten. Diese Methode, »Muvuca« genannt, hat sich in tropischen Breiten Amazoniens bewährt: Auf einem Hektar wachsen so im Mittel rund 7200 Bäume.

Amazonien

brandgerodete Fläche tropischen Waldes

Arbeitsaufwand:
gering bis mittel

Kosten:
ca. 1800 US$ pro Hektar

Auf 5 Mio. Hektar:
ca. 36 Mrd. Bäume

91 % der Samen werden zu Bäumen.

3 **Setzlinge zu pflanzen** ist zeitaufwendig, logistikintensiv, teuer, und die Überlebenschance kann je nach Standort sehr gering sein. Mit durchschnittlich 1660 Bäumen pro Hektar ist die Walddichte eher gering.

Kanada

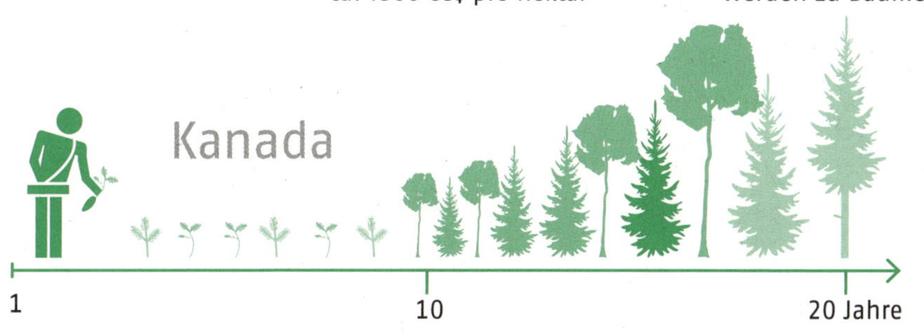

komplett abgeholzter Nadelwald

Arbeitsaufwand:
hoch

Kosten:
ca. 5100 US$ pro Hektar

Auf 5 Mio. Hektar:
ca. 8,3 Mrd. Bäume

ø 52–74 % der Setzlinge überleben.

Waldmanagement in der Klimakrise

Wälder werden sich in dem schnell verändernden Klima ebenfalls verändern und anpassen. Da Forstmanagement wegen des langsamen Wuchses nicht nur auf die kommenden Jahre, sondern auf zukünftige Jahrzehnte ausgelegt ist, muss es seine Praktiken weit im Voraus auf eventuelle klimatische Auswirkungen anpassen. Um die deutschen Wälder für zukünftige Generationen zu erhalten, müssen daher jetzt unterschiedliche Strategien entworfen werden: In einigen Regionen wird es mehr Niederschlag geben, in anderen wird es trockener.

Wälder verändern sich unterschiedlich stark, je nach Region …

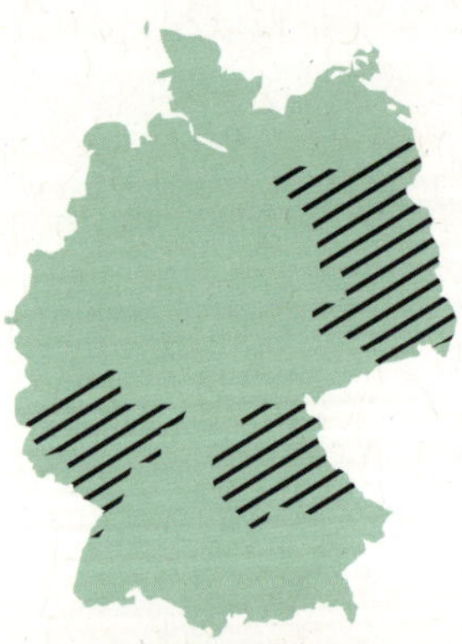

Beobachtungen
1961–1990

↓

Zukunftsszenario
2041–2070
(nach IPCC, A1B)

Regionen mit hohem Waldbrandrisiko dehnen sich in Zukunft voraussichtlich weiter aus.

Stabilität der Wälder erhöhen

Wir brauchen resistentere Wälder: Im Gegensatz zu Baumplantagen brennen naturnah bewirtschaftete »Dauerwälder« meist nicht vollständig ab. Ihr Waldklima ist feuchter, denn der Waldboden wird durch Sträucher und Jungbäume vor dem Austrocknen geschützt. Anstatt des früher noch weiter verbreiteten Kahlschlags werden dort einzelne Bäume für die Holznutzung gefällt. Bei der Naturverjüngung siedeln sich hauptsächlich schattentolerante Arten wie Buchen an, durch Saat oder Pflanzung sollten Baumarten mit günstiger Klimaprognose, die zum Standort passen, integriert werden.

Die Pflege und der Aufbau von Böden, insbesondere der Humusschicht, sind in Zeiten der Klimakrise wichtiger denn je. Totholz spielt dabei eine zentrale Rolle als Wasserspeicher und Biodiversitätshotspot.

Klimaflexibilität von Wäldern erhöhen

Die heimischen (Laub-)Baumarten, die am ehesten mit den neuen klimatischen Bedingungen zurechtkommen, sollten in Nadelwälder integriert werden, um ein Mindestmaß an Mischung zu erreichen und Risiken von u. a. Dürre und Schädlingsbefall zu minimieren. Als alternativer Nadelbaum für trockeneres Klima bewährte sich die Weißtanne in aktuellen Versuchen.* Der Anteil der Mischwälder in Deutschland beträgt 76 % und wird stetig erhöht.

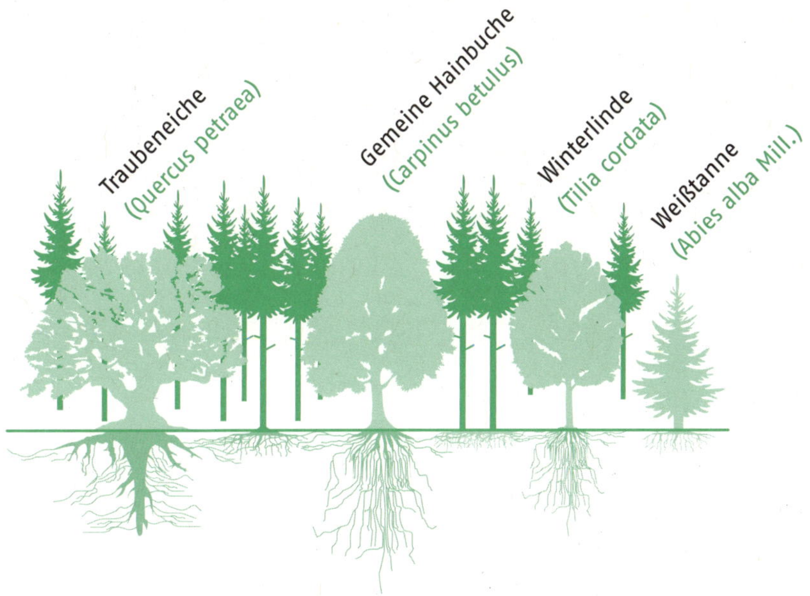

Fremde Arten weiter erforschen

Die Robinie (Robinia pseudoacacia) aus Nordamerika wird in Deutschland als Zukunftsbaum im Klimawandel sowie als Bienen- und Insektenbaum gehandelt, allerdings gibt es auch Bedenken: Als gebietsfremde Art stellt sie potenziell auf lange Sicht eine Bedrohung für hiesige Naturräume dar, da sie sich in den unwirtlichsten Lebensräumen ausbreiten kann.

Dürreresistente Baumarten fördern

Diese fünf seltenen, robusten **heimischen Arten** eignen sich besonders gut. Ihre Ausbreitung sollte, wenn sie zum Standort passen, gefördert werden:

Quellen: BMEL (2014), Dännert & Chtioui (2016), *George et al. (2018), IPCC (2014), Roloff (2008), Spittlehouse & Steward (2003)

»Die Menschen sind global in vielerlei Hinsicht vom Wald abhängig: Trotz Agrarrevolution vor 10.000 Jahren beziehen heute noch Millionen ländlicher Kleinbauern im globalen Süden die Hälfte ihres Einkommens aus der Nahrungssuche in Wäldern und Wildnis.«

Dr. Sven Wunder,
European Forest Institute (EFI),
Barcelona, Spanien

Wald und Mensch

Ökosystemleistungen des Waldes

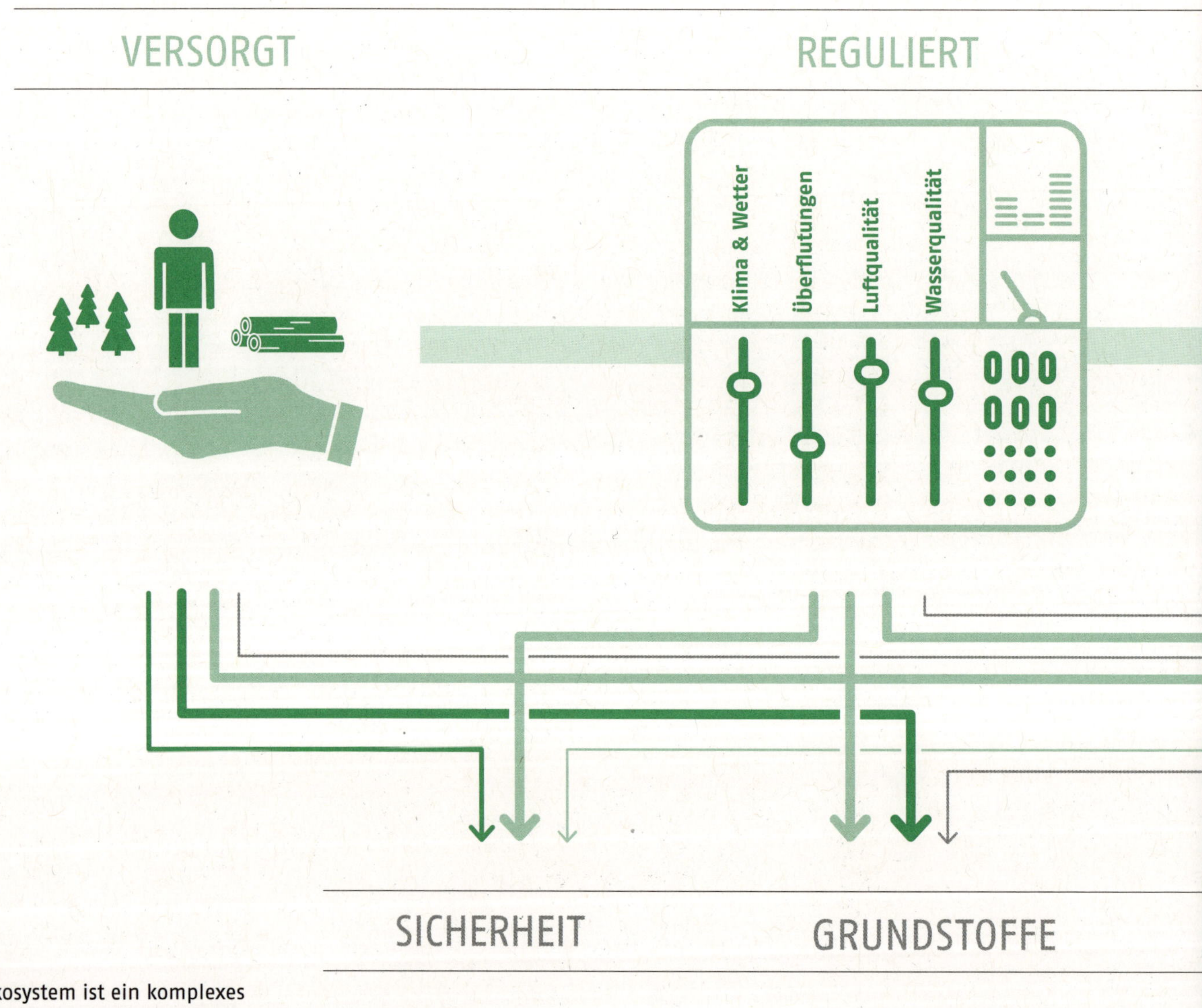

Ein Ökosystem ist ein komplexes Gefüge von Pflanzen und Tieren, die gemeinsam und oft voneinander abhängig in einem Biotop leben. Auch wir Menschen sind Teil dieser Lebensgemeinschaft. Wir nutzen und verändern weltweit die empfindlichen Waldökosysteme, hängen jedoch gesundheitlich und sogar existenziell von ihnen ab. Fällt eine Ökosystemleistung weg, können wir sie nur selten einfach ersetzen.

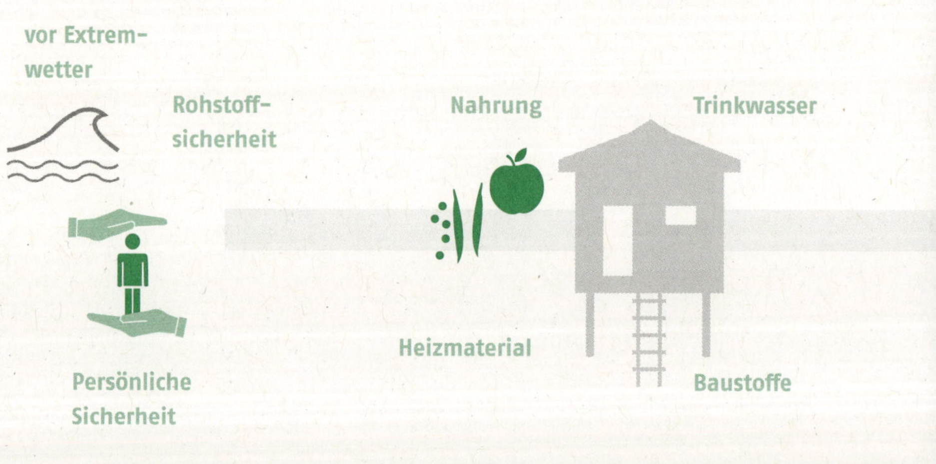

Anpassungsfähigkeit des Menschen bei entfallener Ökosystemleistung: hoch – mittel – gering

Abhängigkeit: stark – mittel – schwach

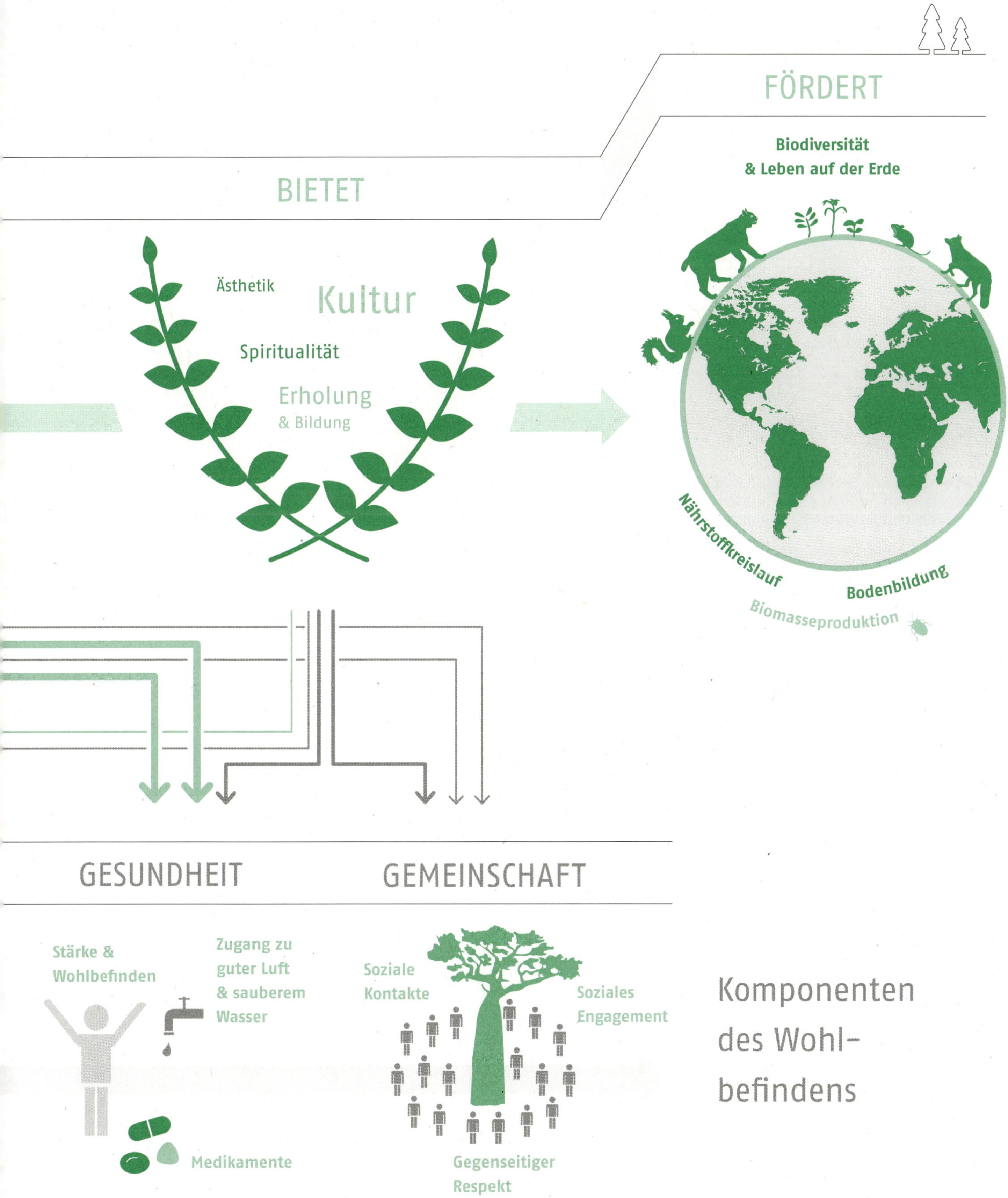

Komponenten des Wohlbefindens

Quelle: Reid et al. (2005)

Arbeitgeber Forstwirtschaft

3,7 Mrd. m³

Vorrat an Holz stehen zurzeit im deutschen Wald, dank nachhaltiger Holznutzung wächst mehr Holz nach, als entnommen wird.

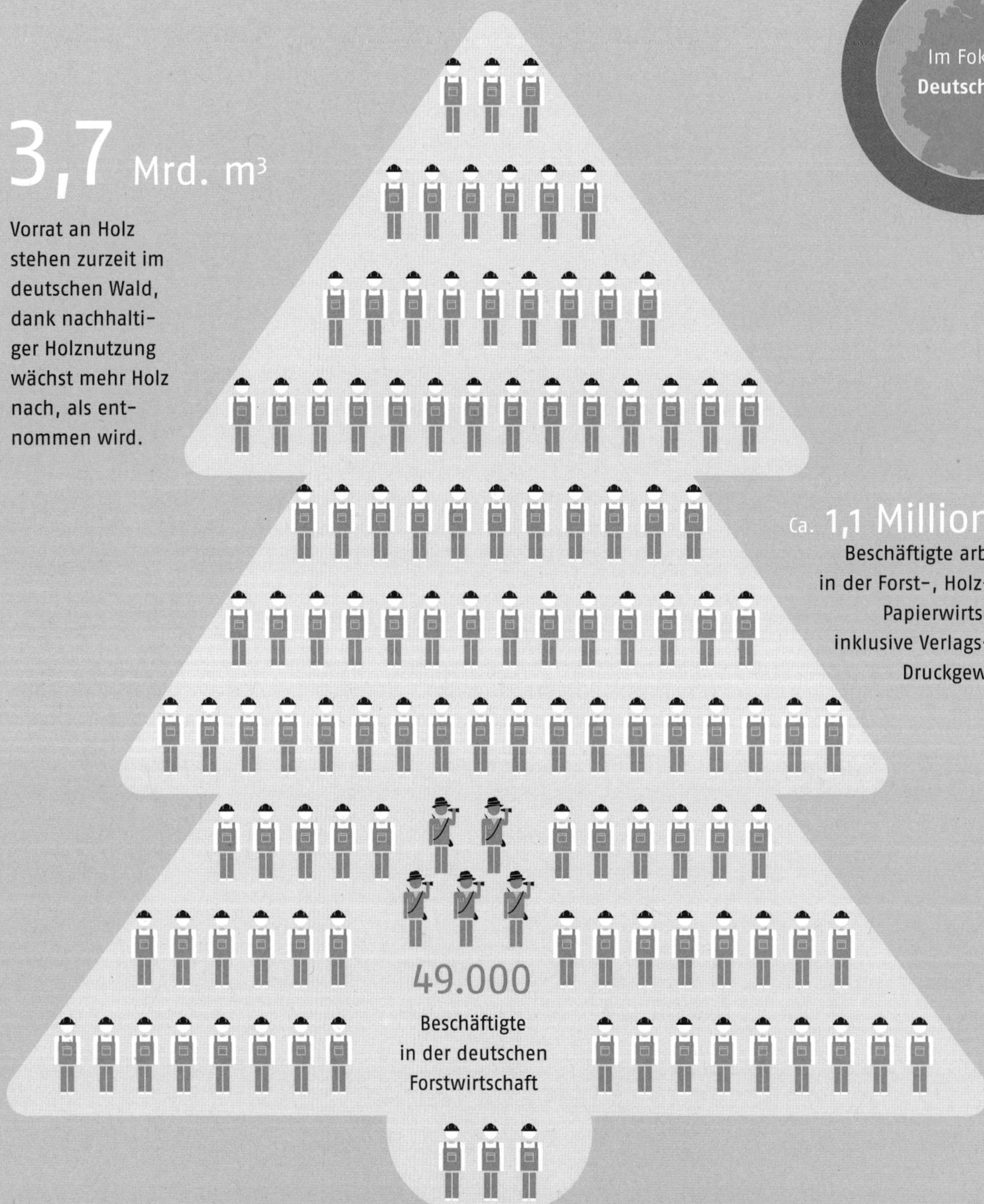

Ca. 1,1 Millionen

Beschäftigte arbeiten in der Forst-, Holz- und Papierwirtschaft, inklusive Verlags- und Druckgewerbe.

53 %

der deutschen Waldfläche dürfen uneingeschränkt zur Holznutzung verwendet werden.

47 %

sind Landschaftsschutzgebiete.

Quellen: BMEL (2018), Becher (2016)

Holzproduktion im Wandel

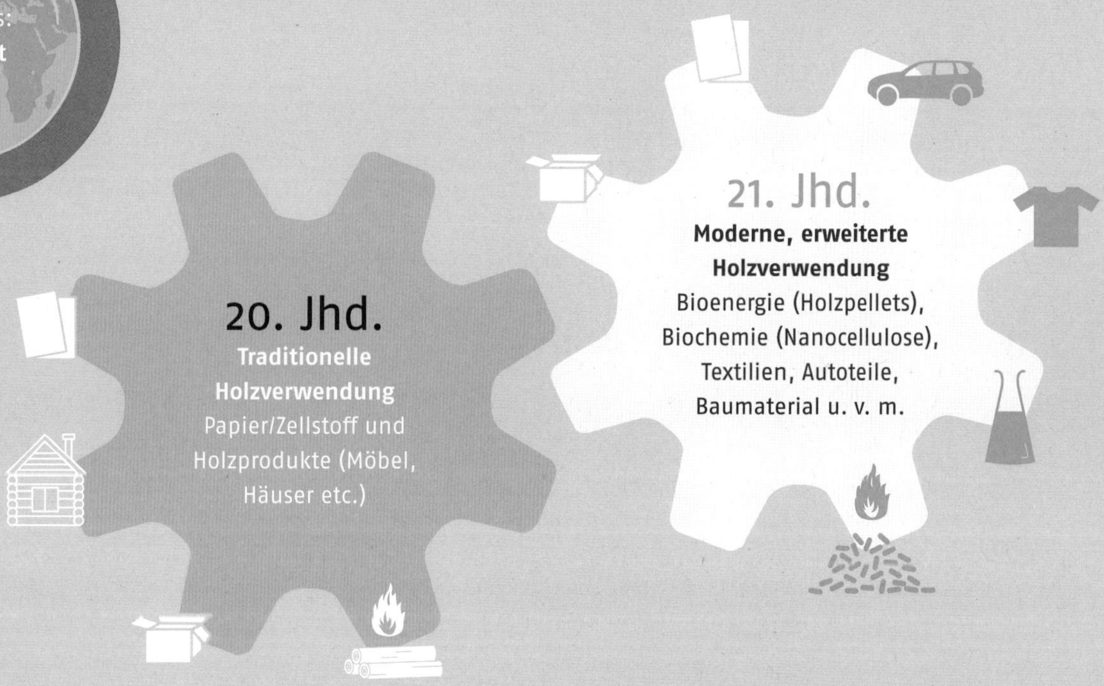

Holz wurde im Jahr 2018 weltweit recycelt. Eines der UN-Nachhaltigkeitsziele ist es, bis 2030 die Kreislaufwirtschaft im Holzsektor global weiter auszubauen.

Papierproduktion

1990–2018

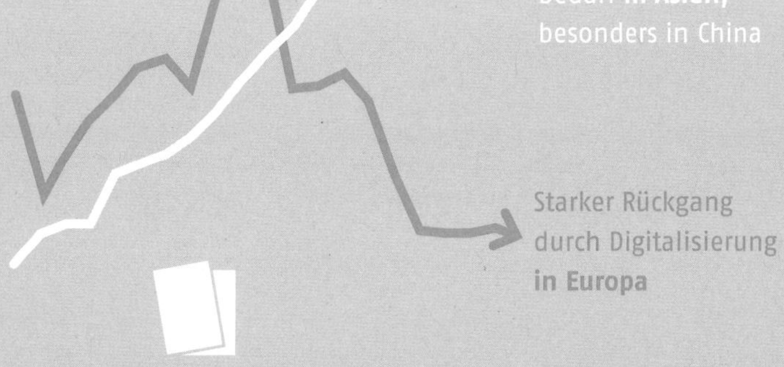

Rekordjahr 2018

Der Handel mit Holzprodukten erreicht sein globales Maximum: Wirtschaftliches Wachstum und Klimaschutzstrategien trugen zum höheren Holzverbrauch bei, da Holz als nachwachsender Rohstoff »CO_2-neutral« eingestuft wird. China avanciert in den letzten zwei Jahrzehnten zum weltweit größten Produzenten und Konsumenten von Papier und Holzpaneelen.

Quellen: Hetemäki & Hurmekoski (2016), FAO (2019), FAO (2020), UNECE (2019)

Bäume als »grüner« Energielieferant?

2,4 Milliarden Menschen, rund ein Drittel der Weltbevölkerung, nutzen Holz täglich zum Kochen, Heizen oder Sterilisieren von Trinkwasser. Die afrikanische Bevölkerung ist besonders stark von Holz abhängig.

Klimaschutz
Aus Holzprodukten gewonnene grüne Energie trägt 40 % zum erneuerbaren Energienmix weltweit bei. Allerdings ist das auf lange Sicht nur bei nachhaltiger, naturnaher Holzwirtschaft und unter Nutzung neuer Technologien und lokaler Produktion ein Gewinn für den Klimaschutz.

Wasserkraft-Helfer
Bewaldete Zuflüsse sorgen für eine längere Lebensdauer der Hydroenergieturbinen durch natürliche Filtrierung des Wassers und Abmilderung der negativen Effekte von Dürren.

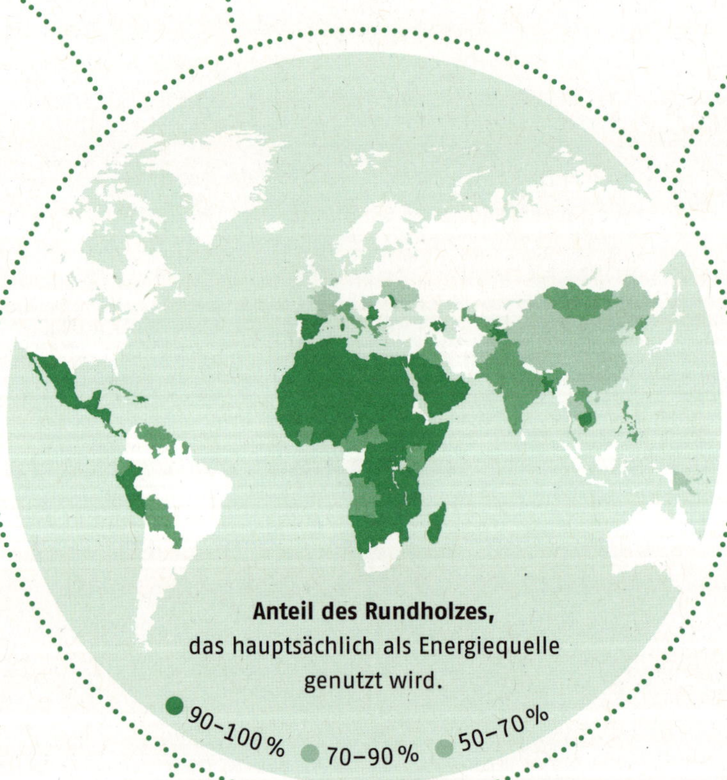

Biomasse-Energiegewinnung hängt zurzeit hauptsächlich von Holzprodukten ab:

87 % Holz, Holzkohle, Abfälle aus der Papier- und Holzwirtschaft etc.

4 % Abfälle aus der Landwirtschaft

3 % Energiepflanzen (z. B. Mais)

3 % tierische Abfälle

3 % Abfälle aus Mülldeponien

Nachhaltige Forstwirtschaft* weltweit fördern

*mehr dazu auf Seite 98/99

Konventionelle Forste weltweit in nachhaltige, naturnahe Wirtschaftswälder transformieren

Politische Anreize vergrößern für Langzeitinvestitionen in Bioenergie

Ziel 2050

Stärkere internationale Zusammenarbeit in der Regulierung des Holzhandels sowie im Technologie- und Wissenstransfer

Hilfe ausbauen: saubere, günstige und effizientere Öfen entwickeln

Öffentlichkeit einbeziehen: Nachhaltigkeits-Bildungsprogramme etablieren

Überlebenswichtig
65 Millionen Flüchtlinge sind weltweit abhängig von Holz als einzig zugänglicher Energiequelle.

50 %
des Rundholzes weltweit, 1,86 Mrd. m³, werden zu Energiezwecken genutzt.

Die USA sind mit über 5 Millionen Tonnen pro Jahr der größte Holzpellet-Exporteur. Der Export steigt seit 2013 durch die Subvention von Holzpellet-Kraftwerken in der EU. Klimawissenschaftler warnen allerdings vor der Abholzung ganzer Wälder für die industrielle Pelletnutzung und davor, dass Holzpellets in diesem Fall und bei langen Transportwegen eine schlechtere CO_2-Bilanz aufweisen können als Kohle. Selbst wenn der für Pellets abgeholzte Wald direkt wieder aufgeforstet wird, dauert es 40–100 Jahre, bis der neu gewachsene Wald das Klima wieder vergleichbar positiv beeinflusst – viel zu spät für die drängende Klimakrise!

US-Export von Holzpellets

in Millionen Tonnen pro Jahr

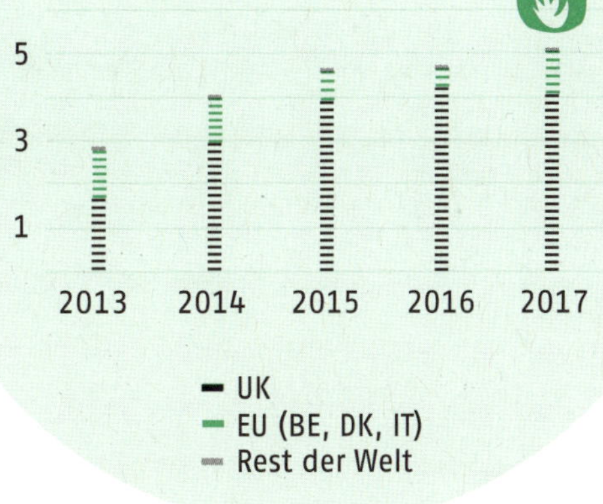

Weite Transportwege und Abholzung ganzer Wälder: Ist diese Form der Energiegewinnung wirklich »emissionsneutral«?

Quellen: FAO (2018 & 2020), Goncalves et al. (2018), Sterman et al. (2018), USITC (2018), WBA (2017)

Im Konflikt: Wald, Wild und Mensch

Mind. 28 % der Jungbäume in deutschen Wäldern leiden unter Verbiss.

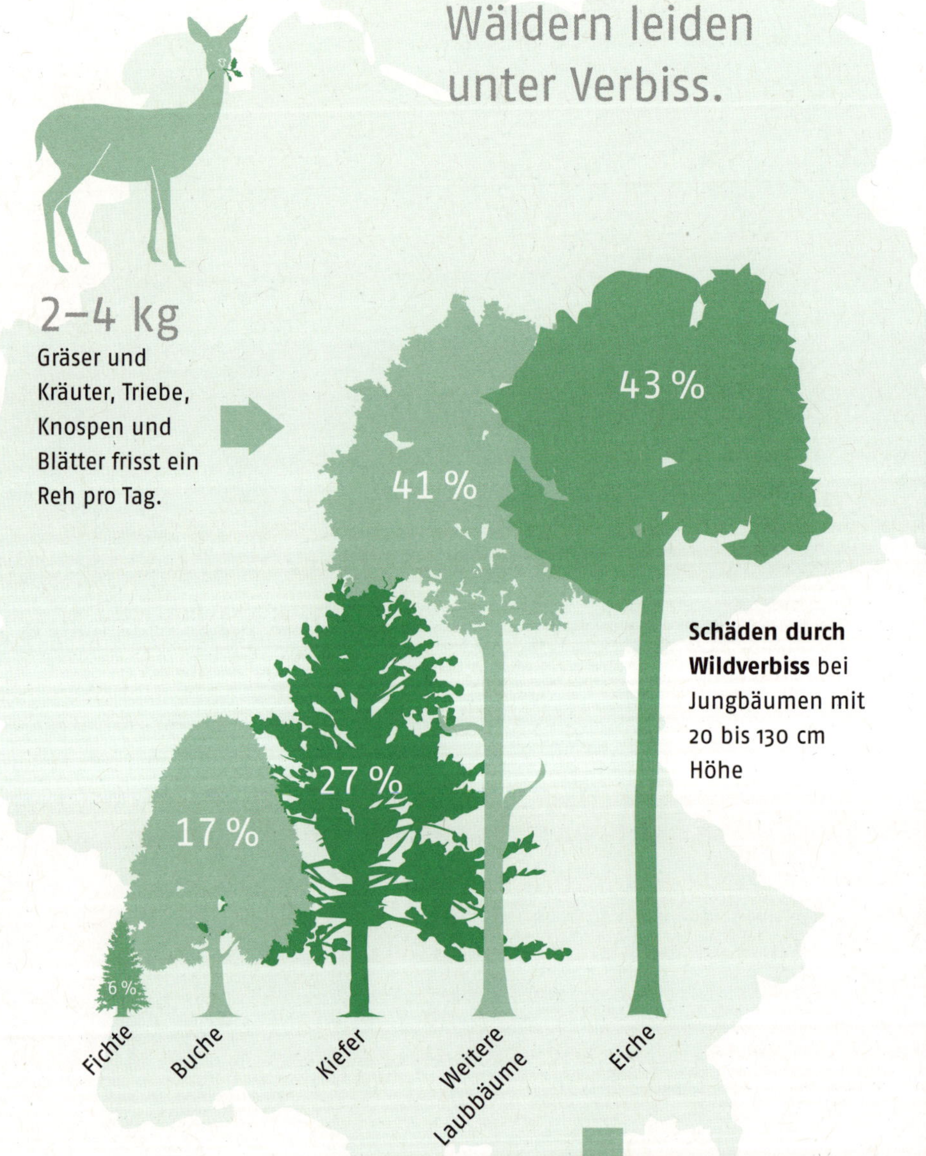

Das ökologische Gleichgewicht, das von Natur aus in intakten Wäldern zwischen Tieren, ihren Futterpflanzen und ihren Fressfeinden herrscht, ist in Deutschland weitestgehend gestört. Durch Bevölkerungswachtum, Fragmentierung und Degradierung sind deutsche Forste nicht mehr in der Lage, eine Vielzahl von großen Raubtieren zu beherbergen.
Daher ist die Population einiger Tiere wie Rehwild und Wildschweinen wesentlich größer, als sie es natürlicherweise sein sollte.

Die durch Hirsche verursachten Verbiss-, Schäl- und Fegeschäden treten daher häufiger und in größerem Umfang auf und stellen in vielen Waldregionen ein großes Problem dar. Die natürliche Waldverjüngung und das Aufforsten mit Laubbäumen werden durch die großen Wildpopulationen teils stark gestört, denn das Schalenwild frisst hauptsächlich Laubbäume an, während Fichten gemieden werden. Übrig bleiben instabile, artenarme, kaum gemischte Wälder. Um klimastabile Mischwälder zu fördern, muss die Jagd Mitverantwortung übernehmen.

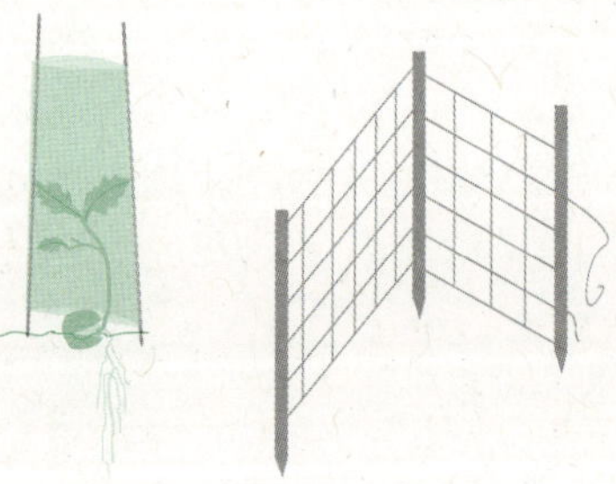

Der bislang einzige wirksame Schutz der Bäume ist das Einzäunen von Waldstücken oder einzelnen Bäumen, was großflächig eingesetzt u. a. zu aufwendig und teuer wäre.

Wildbestände vergrößern sich durch viele Faktoren ...

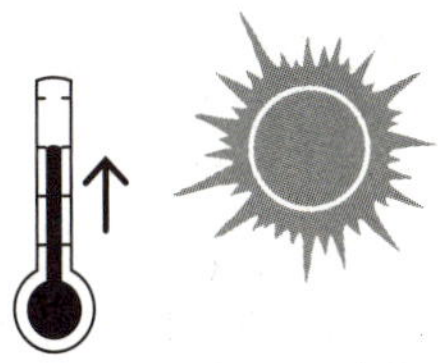

Klimawandel
Mildere Winter und höhere Jahresdurchschnittstemperaturen sorgen für eine höhere Frequenz der »Mastjahre«, in denen Bäume besonders viele Samen wie Eicheln und Bucheckern produzieren. Statt alle 5–7 Jahre gibt es so inzwischen alle 2–3 Jahre ein Überangebot an Futter.

Nahrungsnachschub auf Feldern
Besonders der Anbau von Energiepflanzen wie Mais kommt dem Wild gelegen, wenn es im Wald nicht genug Nahrung findet.

Fehlen natürlicher Feinde
Eine hohe Anzahl an Raubtieren wie Bären, Luchsen und Wölfen würde den Wildbestand zu einem gewissen Grad begrenzen und den Wald vor exzessivem Verbiss schützen. Daher ist es essenziell, die Rückkehr der Wölfe und Luchse zu fördern.

Jagdpraktiken
Die Balance zwischen natürlichem Nahrungsangebot und Wilddichte muss in Deutschland durch die Jagd aufrechterhalten werden. Regelmäßige Vegetationsgutachten zeigen, ob sich ein zukunftsfähiger Mischwald entwickeln kann oder ob die Wilddichte zu hoch ist.

Abschuss von Rehwild
in Deutschland

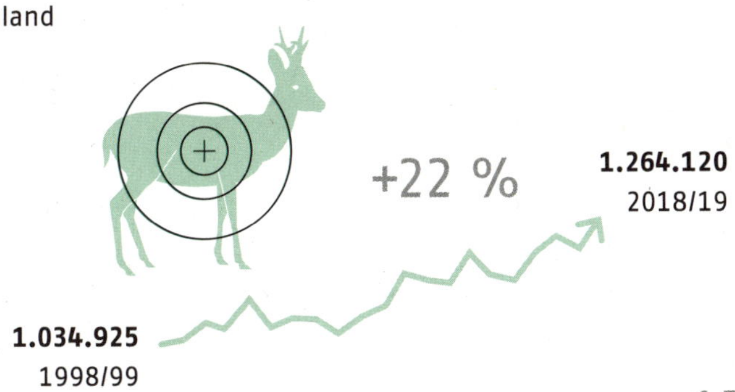

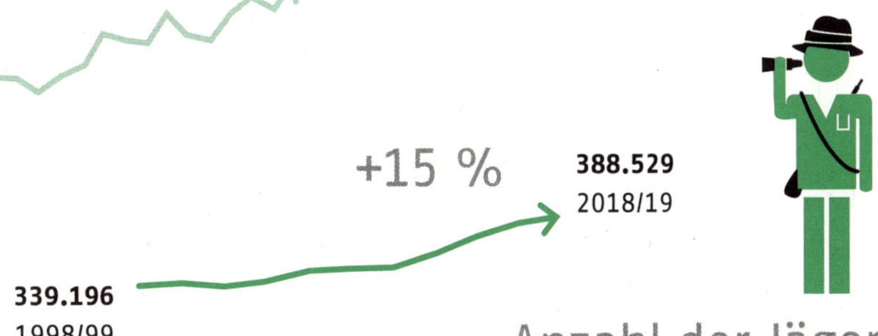

Anzahl der Jäger
in Deutschland

Quellen: Ammer et al. (2010), BMEL (2012), DJV (2020), DWS (2019), Gehle (2006)

Die Heilkräfte der Wälder

In vielen Weltregionen verlassen sich die Menschen noch auf – zum Teil selbst gesammelte – pflanzliche Wirkstoffe als erschwingliche oder kostenlose medizinische Grundversorgung. Besonders hoch ist die Nutzung im ländlichen Afrika, Teilen Asiens und Südamerikas.

In Europa werden immer mehr pflanzliche Wirkstoffe in konventionelle Medikamente integriert. Der Handel von rein pflanzlichen Medikamenten steigt weltweit.

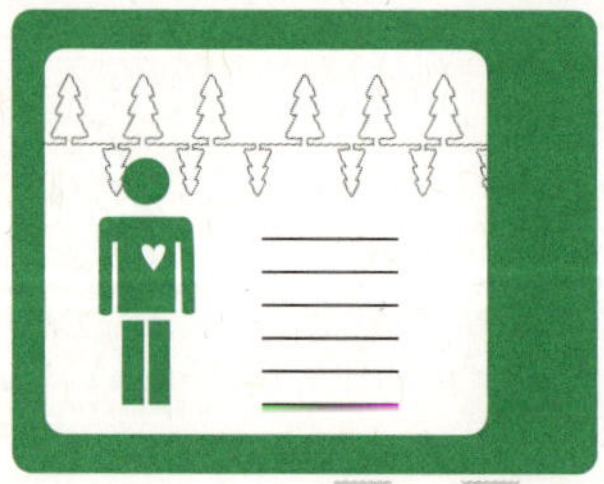

Sekrete und Gifte von Tieren wie z. B. Fröschen liefern die Vorlage für chemische Wirkstoffe u. a. gegen Krebs, Aids, Infektionen und Allergien.

28.187

medizinische Pflanzenarten sind momentan bekannt.

75 %

der Medikamente gegen Krebs enthalten pflanzliche Wirkstoffe.

Medikamente aus Waldpflanzen werden gegen Schmerzen, Diabetes, Alzheimer, Malaria u. v. m. eingesetzt.

Ca. 35 % aller Medikamente auf dem Medizinmarkt enthalten pflanzliche Wirkstoffe.

2012

2000

Der Handel mit pflanzlichen Medikamenten wächst rasant.

Rosafarbene Catharanthe (Catharanthus Roseus) liefert z. B. Antikrebswirkstoffe.

Quellen: Allkin (2018), Calixto (2019), INFOM (2020), Li et al. (2007 & 2011), Miyazaki et al. (2014), Morita et al. (2011), Newman & Cragg (2016), Park et al. (2017), Rodriguez et al. (2016)

= 1 Mio. Einwohner   Therapiewald

Wälder verbessern die psychische und physische Gesundheit

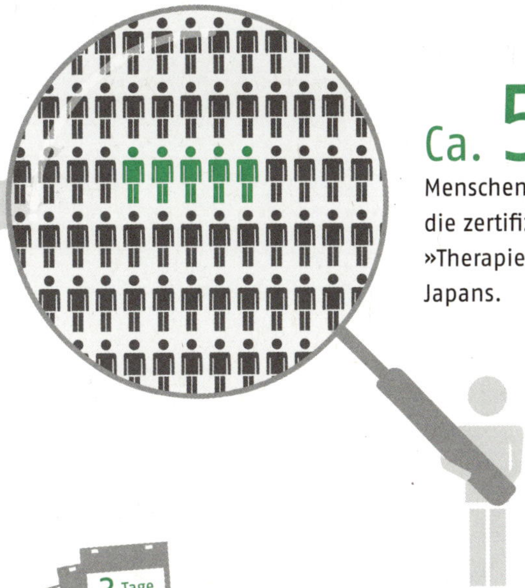

Ca. 5 Mio.
Menschen nutzen die zertifizierten »Therapiewälder« Japans.

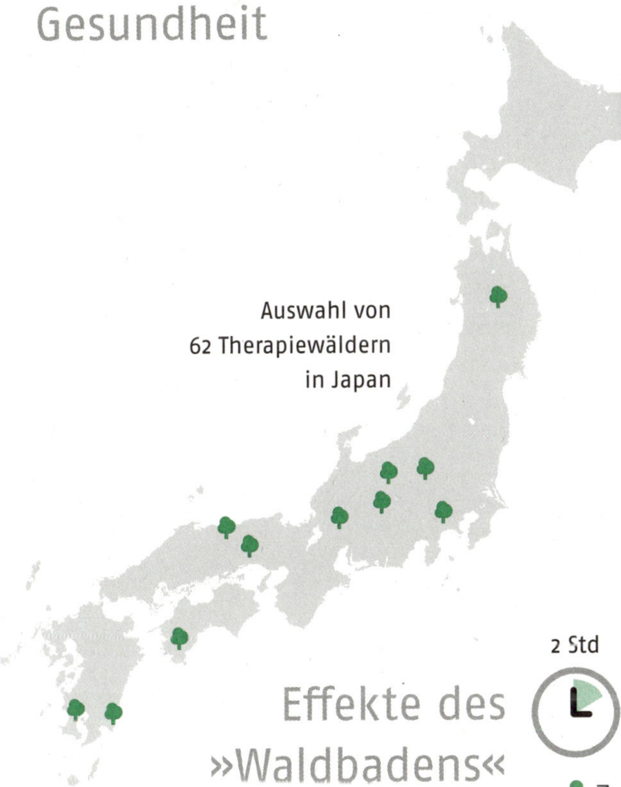

Effekte des »Waldbadens«

2 Std

3 Tage

Geist

nachweislich weniger Stresssymptome, Angstzustände, Depressionen, Schlafprobleme, Müdigkeit, Kraftlosigkeit und Wutgefühle

Körper

+50 % höhere Anzahl und Aktivität natürlicher Killerzellen (NK-Zellen), die zu einer Antitumor-Immunreaktion beim Menschen führen

+48 % Anstieg des Antikrebsproteins Granulsyn sowie 4 weiteren Antikrebsproteinen

Tourismus und Nationalparks

20 %

aller Touristen verbringen ihren Urlaub in der Natur. Naturtourismus wächst weltweit dreimal schneller als der restliche Tourismus.

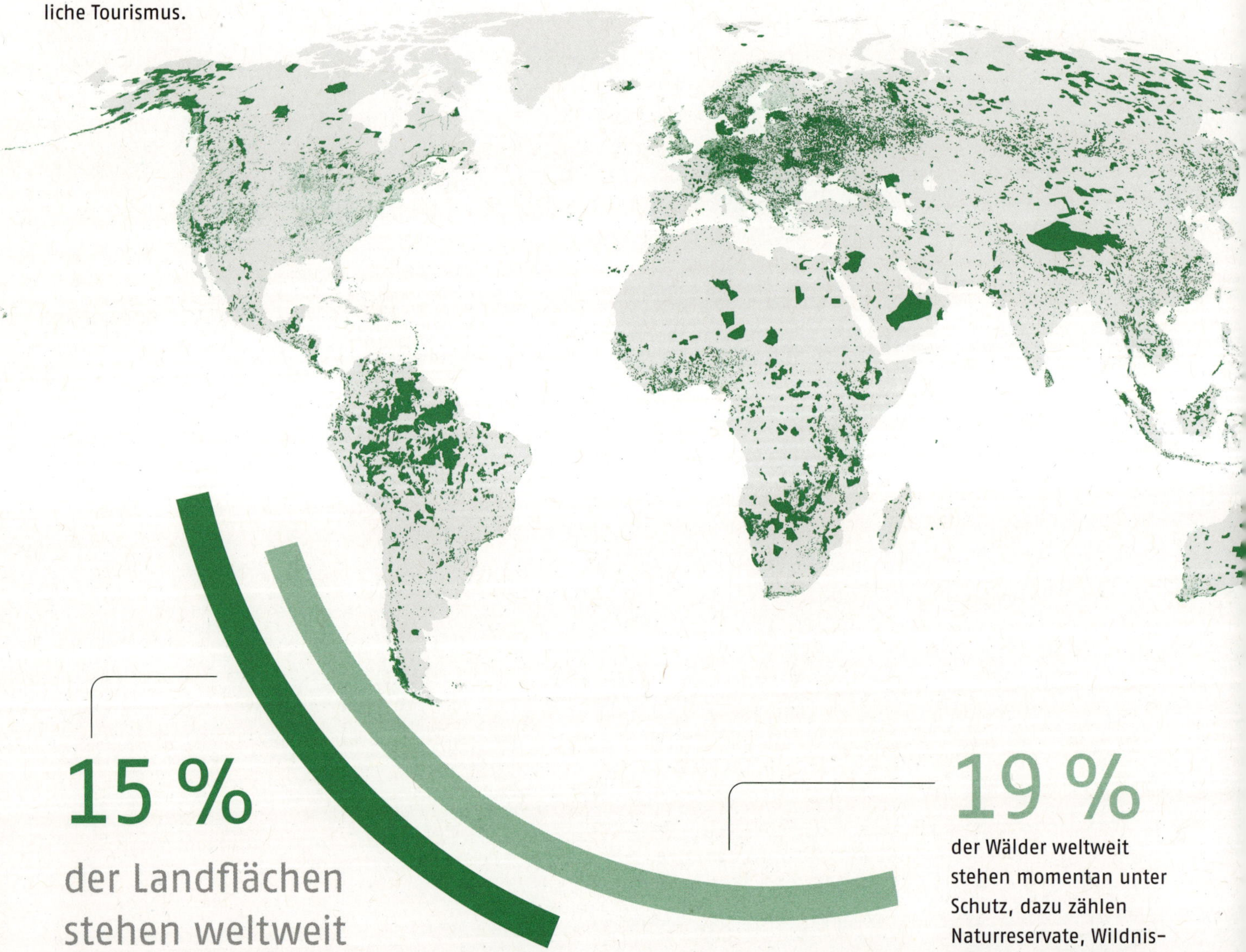

15 %

der Landflächen stehen weltweit unter Schutz, Tendenz steigend.

19 %

der Wälder weltweit stehen momentan unter Schutz, dazu zählen Naturreservate, Wildnisgebiete, Nationalparks, Nationaldenkmale und Naturschutzgebiete.

Gesamtbesucherzahlen der Nationalparks

USA, 1920–2019

Steigende Besucherzahlen: Seit die Fotografien von US-amerikanischen Nationalparks in Social-Media-Kanälen, besonders auf Instagram, zunehmen, steigen auch die Besucherzahlen überproportional schnell. Mit der Flut der Menschen kommen steigende Lärmbelästigung durch Staus, überfüllte Parkplätze und Toiletten, Müllberge und Kommerzialisierung. Neue Wege müssen gefunden werden, die eine nachhaltige Nutzung der Nationalparks anstreben und den Erhalt von Natur und Tieren als oberste Priorität setzen.

32 Mrd. €

Umsatz durch Nationalparkbesucher in den USA (2017)

5,4 Billionen €

pro Jahr beträgt der wirtschaftliche Wert von Nationalparks für die psychische Gesundheit der Menschen weltweit.

Massentourismus

Weltweit werden für die Errichtung von Hotels und Touristeninfrastruktur Wälder gefällt und Küsten planiert. Der schnelle Ausbau des Massentourismus z. B. bei Antalya in der Türkei hatte schwerwiegende Folgen für die dortigen Waldökosysteme.

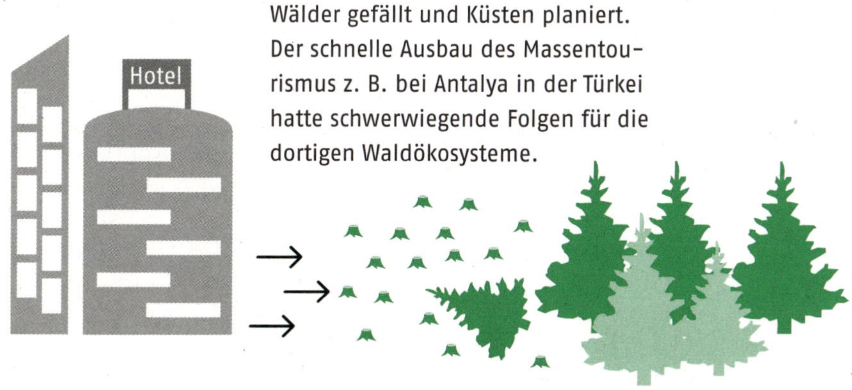

Quellen: Buckley et al. (2019), EEA (2012), FAO (2020), Schmitt et al. (2008), UNEP-WCMC (2020), IUCN & NGS (2020), NPS (2017 & 2020)

Grüne Städte & urbane Wälder

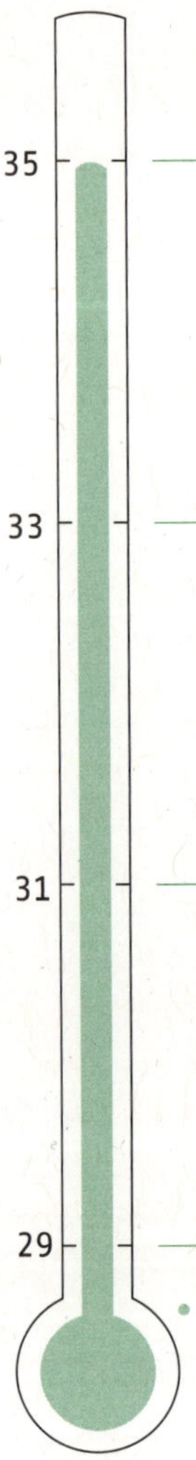

Hitzeinseln

In Innenstädten bilden sich im Sommer sogenannte Hitzeinseln. Wärmespeichernde Baumaterialen und Asphalt, zunehmender Verkehr, dichte Bebauung und daraus resultierende verminderte Windbewegungen erhöhen den Hitzestau in der Stadt.

Verlauf der Wärmekurve vom Stadtrand bis zum Zentrum in °C

Luftfilter

Bäume reinigen unsere Luft von Schadstoffen wie Feinstaub und Ozon. Je höher die Gesamtgröße der Blattfläche eines Baumes ist, desto mehr Schadstoffe kann er aus der Luft filtern. Spitzahorn ist dafür besonders geeignet.

Starkregen
Bäume sorgen dank ihres Wurzelwerks für besseren Wasserablauf und Versickerung.

Temperatur
Der Schatten einer Baumkrone kann die Oberflächen- und Lufttemperatur sowie die Innentemperatur umliegender Gebäude senken.

Grüne Städte mit vielen Bäumen und Parkanlagen verbessern die Lebensqualität und die Gesundheit der Menschen. In Zeiten der Klimakrise ist mit mehr Hitzewellen zu rechnen, unter denen die städtische Bevölkerung (die bis 2030 rund 60 % der Weltbevölkerung ausmachen wird) stärker leidet, da sich dort die Hitze oft staut.

Bäume, Pflanzen und Rasenflächen sorgen in Parks und Grünanlagen durch Verdunstung für Kühlung.

Einige Baumarten haben höhere Kühlungseffekte als andere. Generell gilt: Je weniger Wasser ein Baum benötigt, desto wirksamer ist er. Denn Bäume kühlen die Umgebung nur, solange ihnen genug Wasser zur Verfügung steht. Bei zu trockenem Boden ist keine Verdunstung möglich, die Bäume absorbieren allerdings weiterhin durch ihr dunkles Kronendach Sonnenenergie, was zur Erwärmung der Umgebung führt.

Klimaanlage

An einem heißen Sommertag können Bäume ihre Umgebung signifikant kühlen. Während sie bis zu 400 Liter Wasser verdunsten, wird bei dem Prozess Wärme verbraucht, was wiederum die Umgebungsluft kühlt.

Lebensraum

Eichhörnchen, Fledermäuse, Bienen und Singvögel: Stadtbäume bieten vielen Tieren einen Lebensraum, erhöhen so die urbane Artenvielfalt und machen Städte lebenswerter.

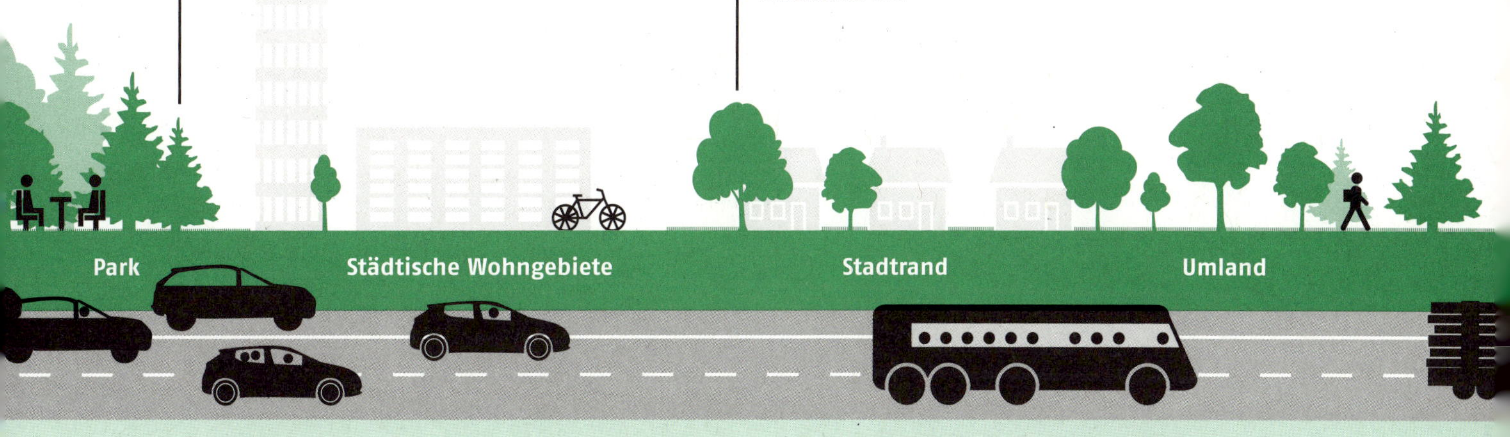

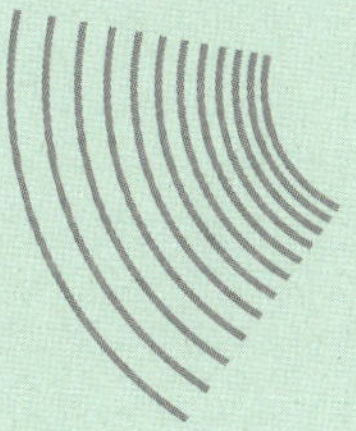

Lärm
Bäume verringern die Schallintensität des Straßenverkehrs.

Wind
Bäume bremsen Windböen und verringern das Aufwirbeln von Staub bei Stürmen.

Quellen: Livesley (2016), Marx (2017), Moser et al. (2017), Rahman et al. (2018), Roloff (2013)

Armutsbekämpfer

Bäume und Wälder können in vielen Bereichen die Lebenssituation verbessern:

Ernährung
Das Sammeln von Waldfrüchten, Honig oder Pilzen und die Jagd von Waldfauna sind wichtige Nahrungsquellen. Zudem sorgt Baumbestand für höhere Bodenfeuchtigkeit und höhere Erträge im Anbau von Obst und Gemüse.

Tierfutter
Wälder bieten oft kostenlose Weideflächen für Vieh und werden zum Sammeln von Futtermitteln genutzt.

Baumaterial
Wälder bieten Holz, Bambus, Äste und Blätter, um wetterresistente und kostenlose Unterkünfte zu bauen.

Trinkwasser
Wälder verbessern die Wasserqualität von Gewässern und können den Wasserfluss in Dürrezeiten sichern.

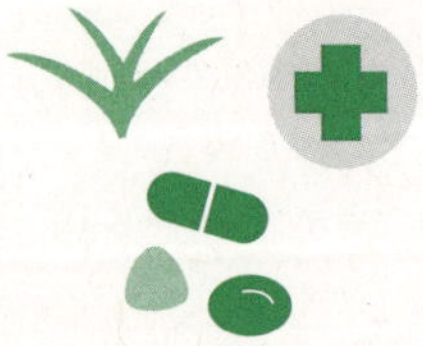

Gesundheit
In vielen Teilen Afrikas, Asiens, Zentral- und Mittelamerikas nutzen Menschen bei Krankheit natürliche Wirkstoffe aus medizinischen (Wald-)Pflanzen.

Beschäftigung
Die Holzindustrie bietet Jobs, allerdings durch die Technologisierung teilweise nur für spezialisiertes Personal.

20–28 %
Zusatzeinkommen
Im Wald gesammelte Rohstoffe werden weiterverarbeitet und verkauft, z. B. Körbe, Futtermittel oder Saatgut.

Brennmaterial
Zum Kochen und Heizen wird in vielen Ländern des globalen Südens Holz verwendet.

Quellen: Andersson et al. (2016), Belcher (2005), bpb (2018), CIFOR (2020), FAO (2019), McConnell (2008), WFP (2018)

Unterernährung in der Gesamtbevölkerung fehlende Daten | <5 % | 5–14,9 % | 15–24,9 % | 25–34,9 % | >35 %

Geografie des Hungers

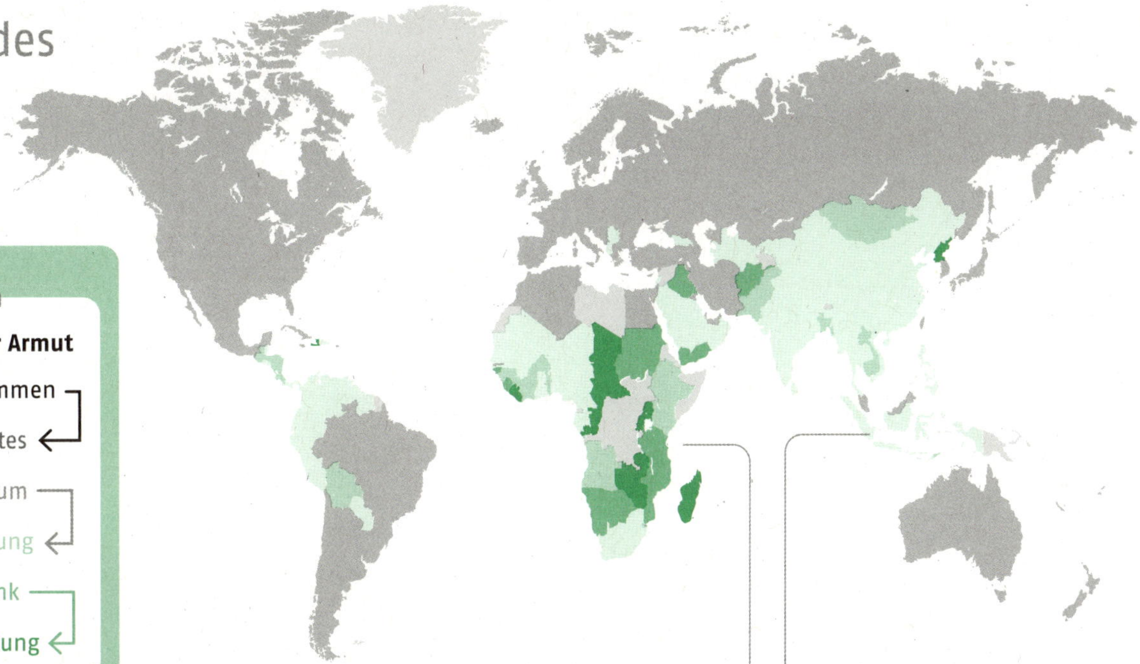

Die ärmsten 250 bis 350 Millionen Menschen weltweit sind existenziell mit Wäldern verbunden und somit auch vom Zustand der sie umgebenden Wälder abhängig.

Chancen durch Gemeindewälder

Gemeinsam und nach nachhaltigen Prinzipien bewirtschaftete »Gemeindewälder« (Community Forests) können viel Positives für die Bewohner bewirken.

In Indonesien wurde in über der Hälfte der Gemeindewälder eine Reduktion der Armut beobachtet, je nach Region einhergehend mit weniger Abholzung, verbesserten Lebensumständen, Gesundheit oder vermehrtem Umweltschutz.

Im Konflikt: industrielle Baumplantagen

vs.

Industrielle Baumplantagen können **Armut verstärken,** wenn sie den Grundwasserspiegel einer Region senken, z. B. durch Eukalyptusplantagen. Wasserknappheit, Trinkwasser-Kontamination, weniger Ertrag in der Landwirtschaft, Bodenerosion und Migration zählen zu den beobachteten Folgen.

Industrielle Baumplantagen können **Armut lindern,** wenn sie Beschäftigung für die lokale Bevölkerung generieren und zum Aufbau von nachhaltigen holzbasierten Wertschöpfungsketten beitragen. Zudem können kleine Feuerholzplantagen dabei helfen, Primärwälder vor wilder Abholzung zu schützen.

Weltkarte der Waldbewohner

Millionen Menschen leben traditionell in Wäldern und sind existenziell von ihnen abhängig.

Kanada
Die »Ayisiniwok« (Cree-Indianer) sind von Fischen und Wildtieren als Lebensgrundlage und durch spirituelle Traditionen vom borealen Wald abhängig. Heute leben noch ca. 600 verschiedene Stämme in Kanada.

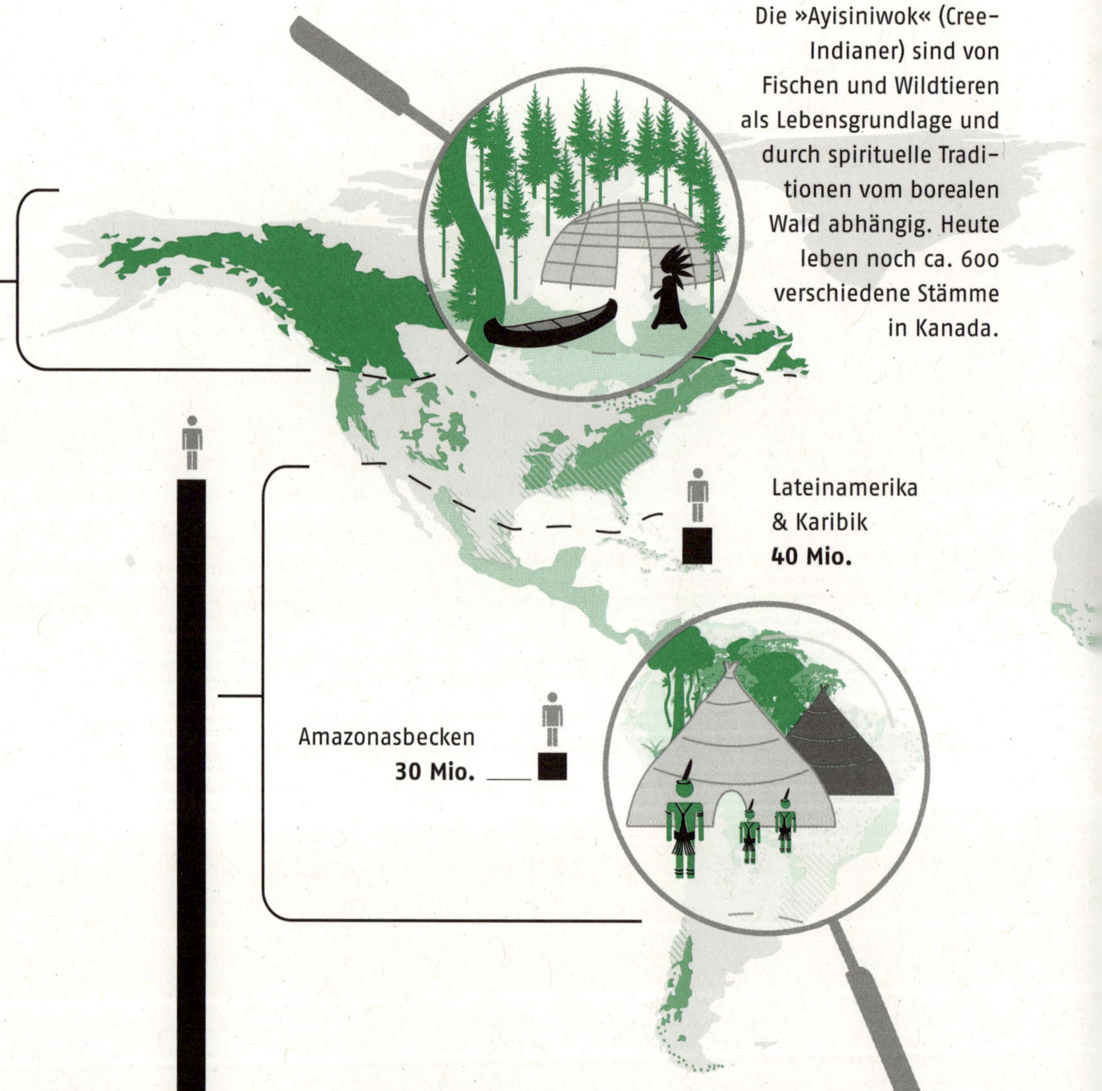

Boreale Wälder weltweit
60 Mio. Waldmenschen

Grobe Schätzungen gehen von rund 1,3 Milliarden Waldbewohnern weltweit aus. Die genaue Anzahl ist schwer zu ermitteln, da es keine einheitliche Definition des Abhängigkeitsgrades von Wäldern gibt. Zudem werden Waldmenschen oft kriminialisiert und in Volkszählungen nicht berücksichtigt. Das führt u. a. dazu, dass ihre (Land-)Rechte stark beschnitten sind.

Lateinamerika & Karibik
40 Mio.

Amazonasbecken
30 Mio.

Tropische Regenwälder weltweit
805 Mio.

Brasilien
Hier leben unter vielen hundert Stämmen auch geschätzte 77 unkontaktierte, bedroht durch Zivilisationskrankheiten, Vertreibung und illegale Abholzung. Die Regierungsorganisation FUNAI kämpft seit Jahren für den Schutz der Ureinwohner.

Abholzungsstopp
Geschützte Stammesgebiete in Brasilien bewahren den Regenwald vor der drohenden Zerstörung.

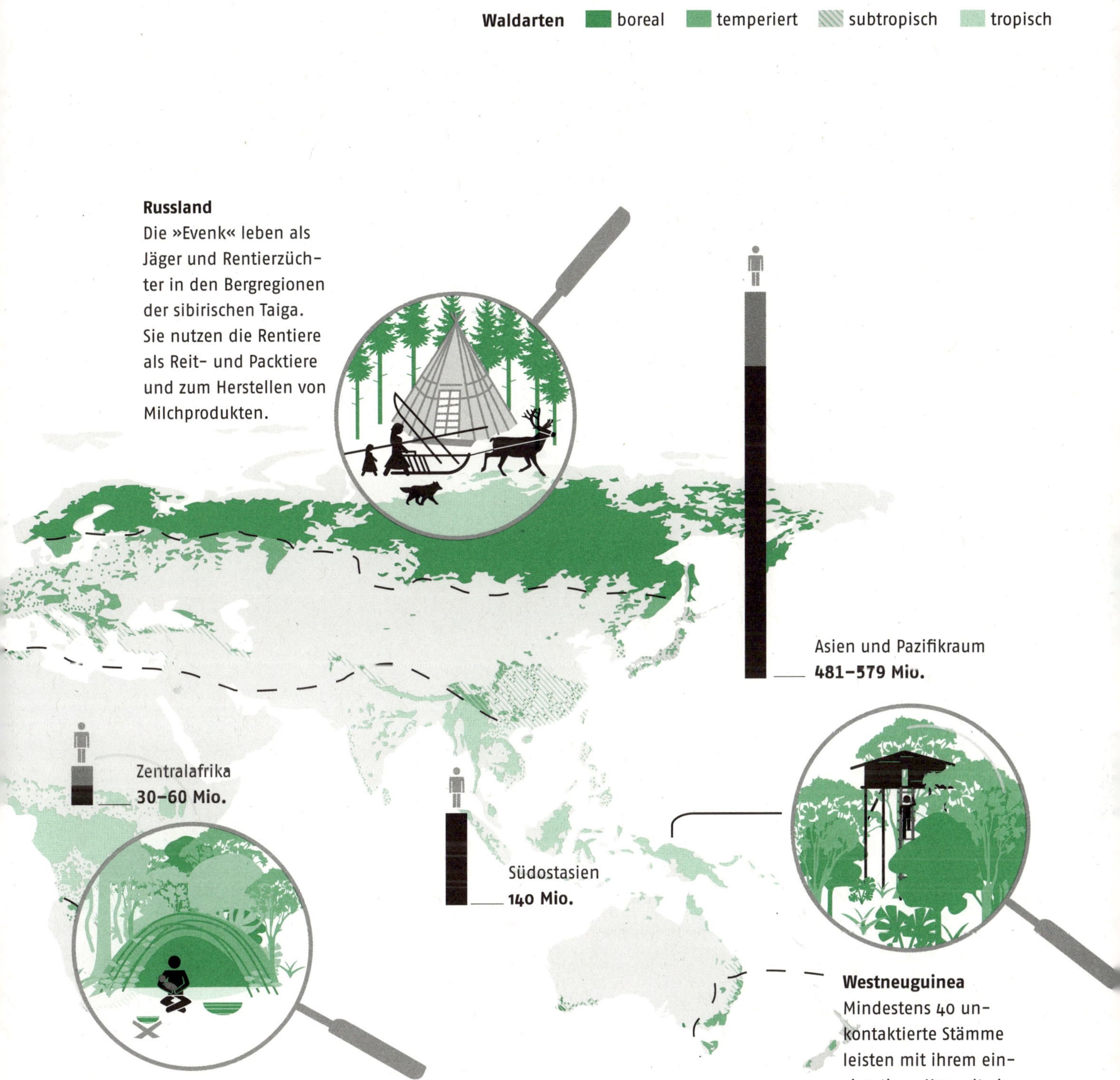

Russland
Die »Evenk« leben als Jäger und Rentierzüchter in den Bergregionen der sibirischen Taiga. Sie nutzen die Rentiere als Reit- und Packtiere und zum Herstellen von Milchprodukten.

Kongobecken
Die »Baka« im Nordwesten des Kongo kämpfen ums Überleben: Auf ihrem Land wurde ohne ihre Zustimmung ein Nationalpark gegründet. Jetzt werden sie von den Rangern brutal vertrieben.

Westneuguinea
Mindestens 40 unkontaktierte Stämme leisten mit ihrem einzigartigen Umweltwissen über Pflanzen und Tiere einen wertvollen Beitrag zur Diversität der Lebensweisen weltweit.

Die herrschende indonesische Regierung ist für Menschenrechtsverletzungen bekannt, es gibt dort keine Organisation, die sich für die Rechte der indigenen Bevölkerung einsetzt.

Wälder haben für Naturvölker eine identitätsstiftende, kulturelle und spirituelle Bedeutung.

Quellen: Chao (2012), FAO (1997), Survival International (2020)

Indigenes Waldmanagement

Ganzheitliches Waldmanagement ①
Der »Huu-ay-aht«-Stamm nahe Vancouver basiert auf »Hishuk Tsawak«, was so viel bedeutet wie »alles interagiert, alles ist eins«: Tiere, Pflanzen und Menschen.

150 Arten

pro Hektar Wald werden durch die indigene Bevölkerung in Borneo mithilfe des jahrtausendealten Wissens ihrer Vorfahren bewirtschaftet.

Regulierung der Ressourcennutzer ②
Nicht die Ressourcen müssen kontrolliert werden, sondern die Ressourcennutzer: Ein indigener Stamm sollte z. B. über die alleinigen Nutzungsrechte in seinem Stammesgebiet verfügen, um nachhaltige Waldnutzung zu ermöglichen.

Regeneration statt Degradation ③
Die Erntezeiten werden z. B. an natürliche Zyklen wie Blütezeiten so angepasst, dass die Regeneration gewährleistet ist. Es wird nur so viel geerntet, wie verbraucht werden kann.

Rund 370 Millionen Ureinwohner leben in 90 Ländern weltweit. Sie existieren in Symbiose mit ihrer Umwelt: Kultur, Spiritualität und Ökosystem sind stark verwoben und führen zu einem einzigartigen Waldwissensschatz. Sogenanntes traditionelles Waldwissen ist nicht antiquiert, es verändert sich mit den Generationen, in die es weitergegeben wird, ist daher modern, klimaadaptiert und dynamisch, zudem basiert es auf nachhaltigen Prinzipien.

Im heutigen Streben hin zu nachhaltigem, klimaadaptiertem Waldmanagement sollte das umfassende Wissen der lokalen indigenen Bevölkerung nicht weiter ignoriert, sondern gleichberechtigt mit wissenschaftlichen Erkenntnissen behandelt werden sowie in Planungen und Waldmanagement miteinfließen.

5 **Waldschutz**
Die indigene Bevölkerung erzielt durch ihren Mix aus Permakultur, Brandrodung und Aufforstung durch Naturverjüngung auf lange Frist ähnlich hohe Waldschutz-Resultate wie in Wäldern, die von Regierungen unter Schutz gestellt wurden.

4 Arten pro Hektar bewirtschafteten Waldes stellen für das westliche Forstmanagement bereits eine Herausforderung dar.

4 **Bewahrung der Artenvielfalt**
Durch ihre Lebensweise im Einklang mit der Natur schützen die indigene Bevölkerung und lokale Gemeinschaften weltweit ca. 80 % der Biodiversität.

Fast **25 %** der weltweiten Landflächen werden von indigenen und lokalen Gemeinschaften bewirtschaftet.

Quellen: Asselin (2015), Fisher et al. (1997), Parotta et al. (2012), Peters (2018), RA (2019)

»Jahrzehntelange Ausbeutung hat einen Großteil der natürlichen Wälder der Erde zerstört und degradiert. Daran hat die unwiederbringliche Umwandlung von Wäldern in Flächen für industrielle Landwirtschaft und Viehweide einen wesentlichen Anteil. Um auch weiterhin diese für uns so wichtige Lebensgrundlage zu erhalten, müssen wir die noch verbliebenen Naturwälder in ihrer Einzigartigkeit und Vielfalt bewahren und vor Eingriffen schützen.«

Prof. Dr. Michael Köhl,
Universität Hamburg, Institut für Holzwissenschaft
& Centrum für Erdsystemforschung und Nachhaltigkeit

Wälder in Gefahr

Bedrohte Wälder im Detail

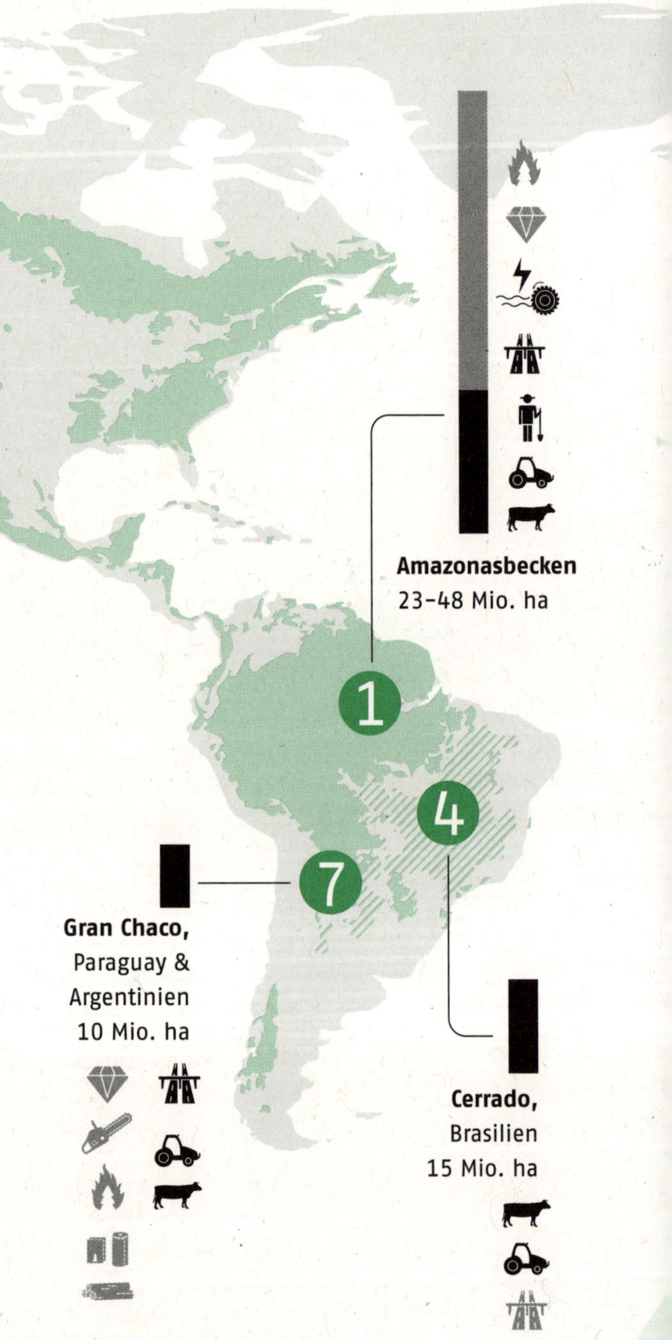

Ursachen des Waldverlusts

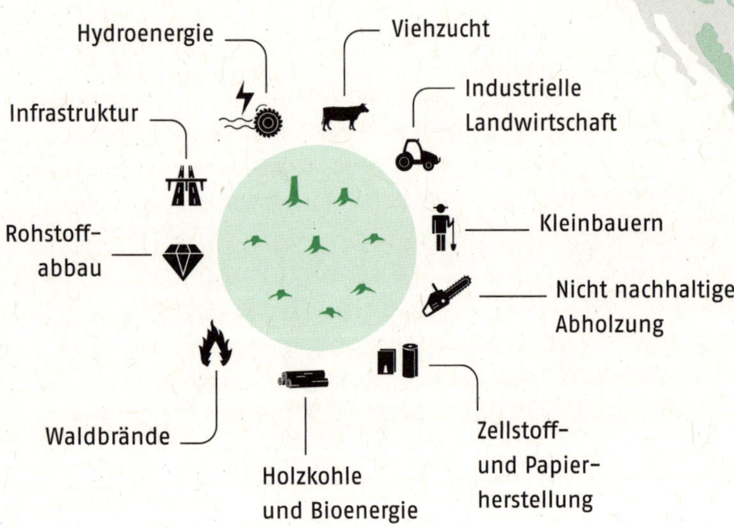

Zukünftige Ausdehnung der Wälder

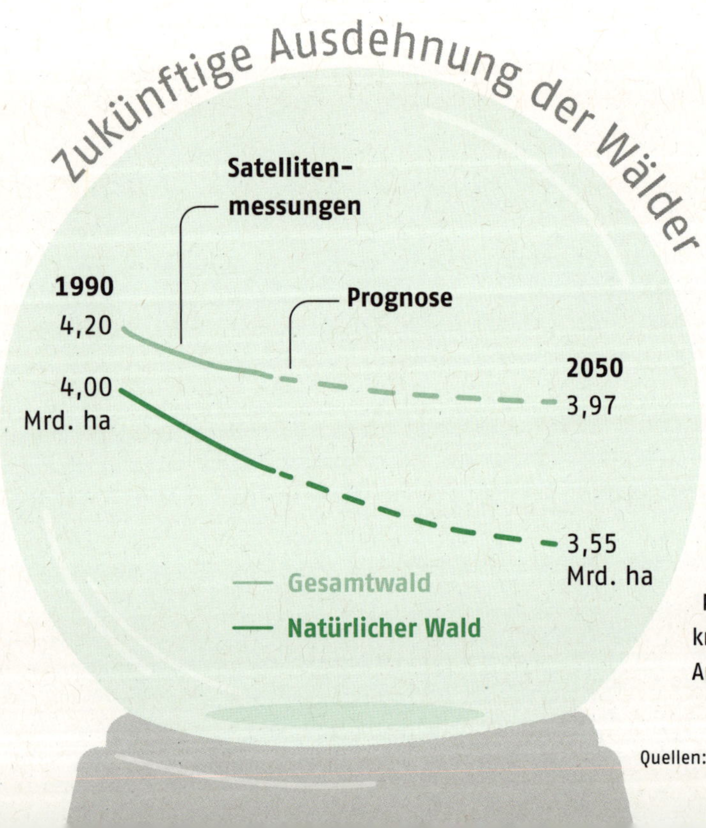

Zukunftsprognosen zu stellen ist schwierig, da die Ursachen des Waldverlustes in jedem Land unterschiedlich sind und sich ständig verändern: Wirtschaft, Politik, Entwicklung und die Klimakrise sind zu unterschiedlichen Anteilen treibende Faktoren.

Quellen: Annunzio et al. (2015), CIFOR (2009), Taylor et al. (2015), Harris et al. (2020)

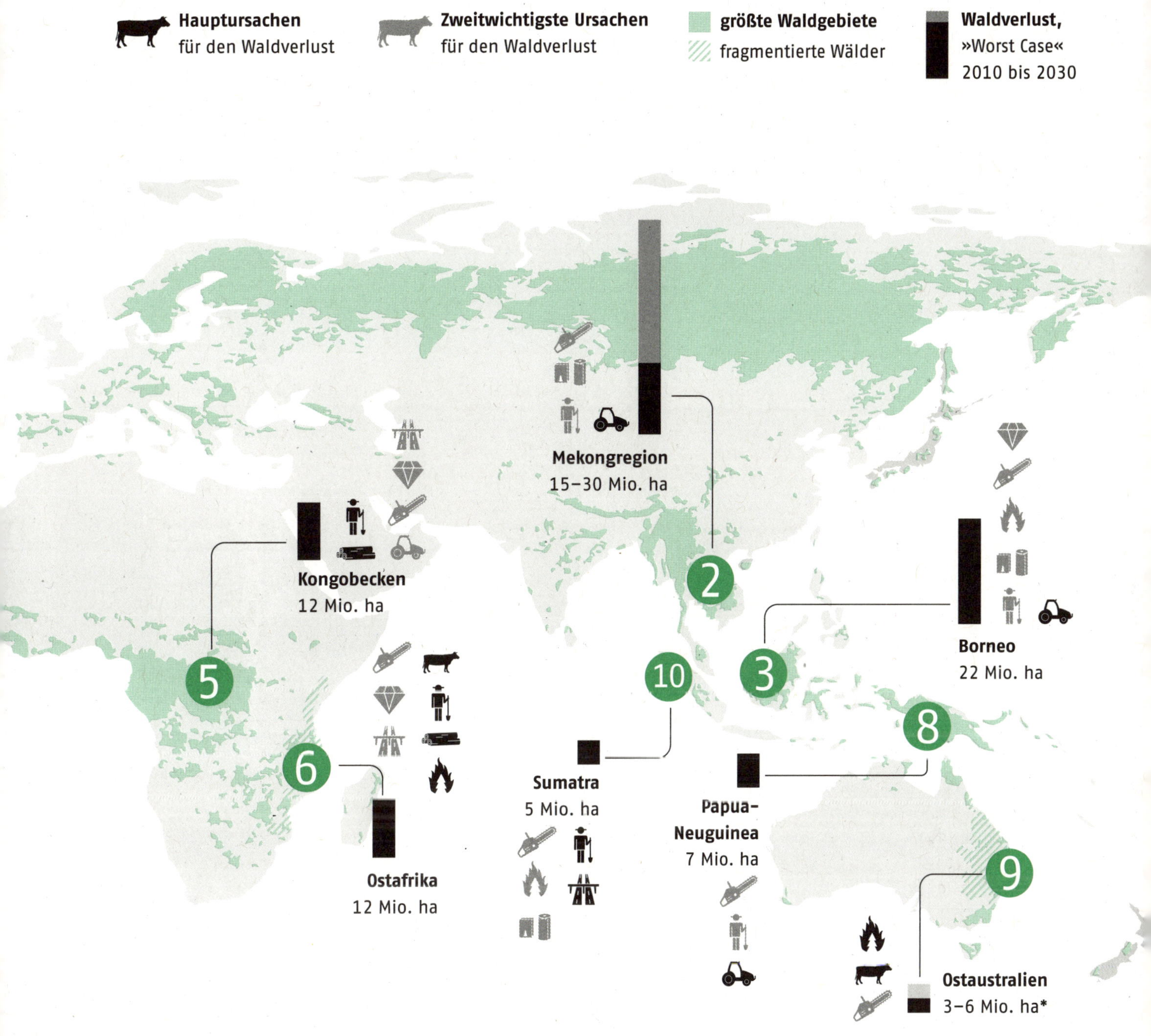

* laut Vorhersage von 2015, allerdings wurden allein 2019/20 rund 5,8 Mio. ha Wald verbrannt

Arten des Waldverlusts

Als Entwaldung wird die permanente Umwandlung von Wäldern in andere Landnutzungformen, hauptsächlich landwirtschaftlicher Art, bezeichnet. Daneben gibt es Kronendachlichtung, z. B. in der Forstwirtschaft, Degradierung, z. B. durch Übernutzung, oder temporären Waldverlust durch Wanderfelder oder Waldbrände.

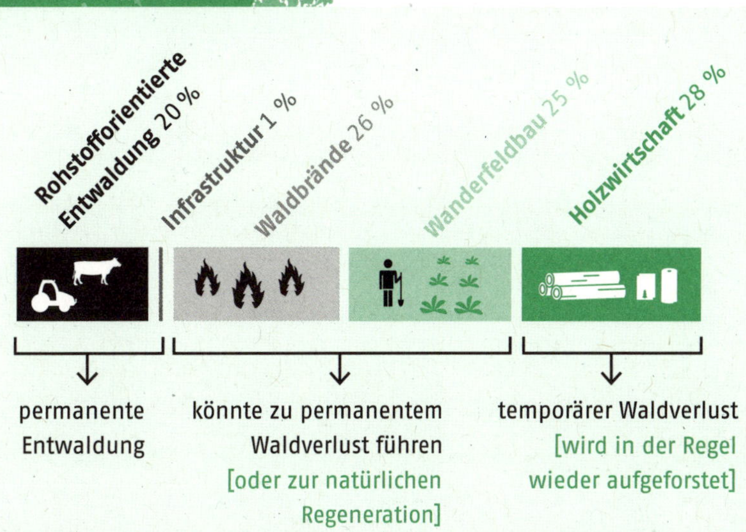

Bevölkerung und Abholzung

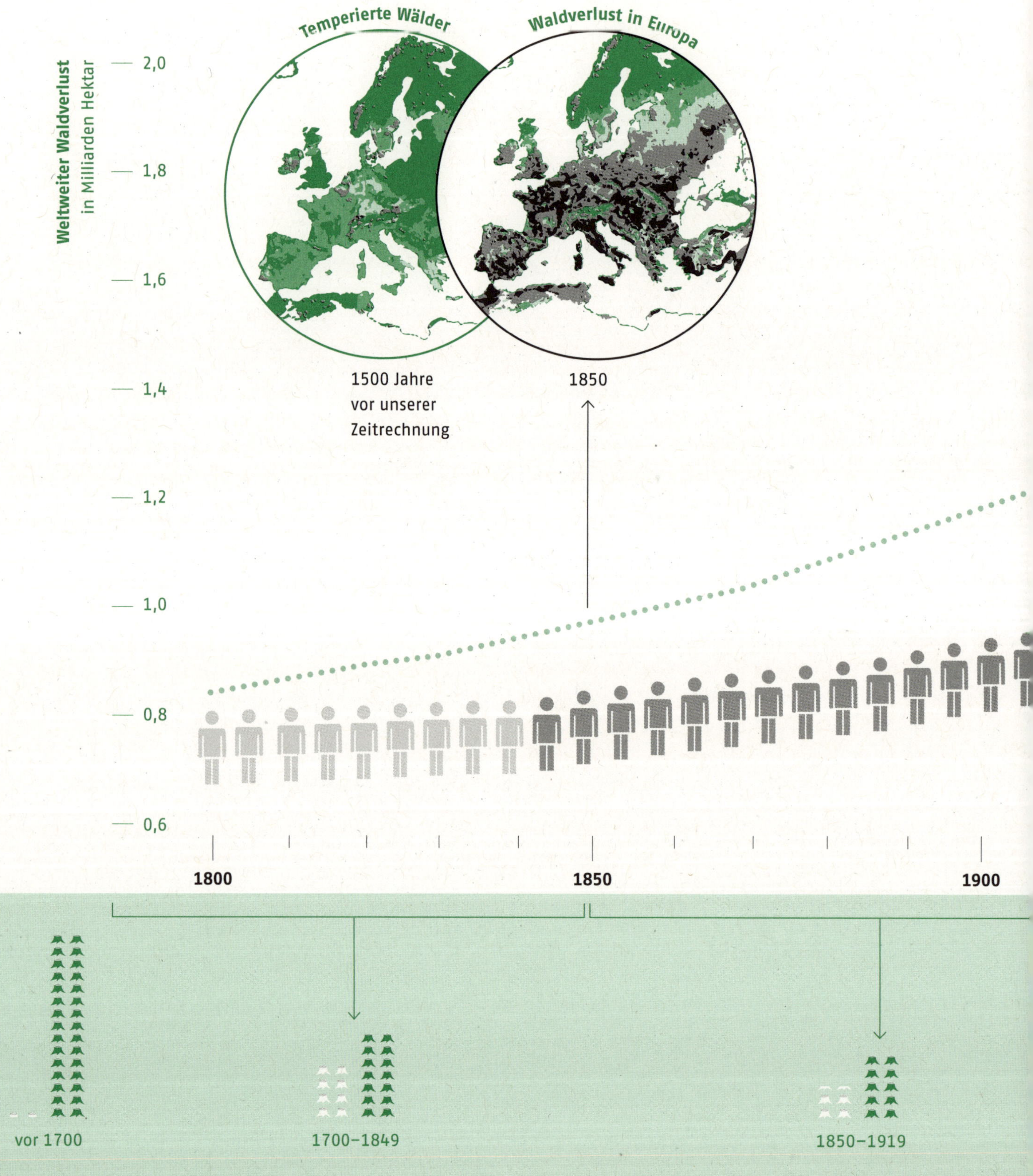

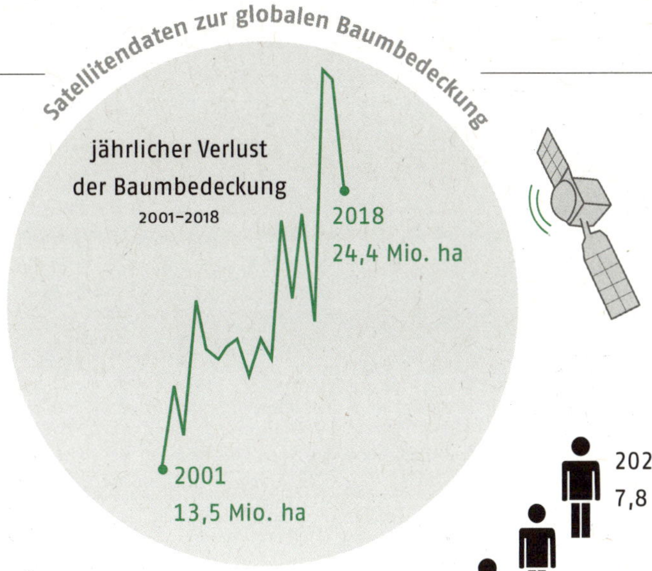

Waldfläche vs. Baumbedeckung
Die aufsummierte abgeholzte Waldfläche nimmt insgesamt weltweit zu, allerdings immer langsamer, denn die jährlich abgeholzte Waldfläche wird von Jahr zu Jahr kleiner.

Satellitenbilder zeigen das Gegenteil, wenn es um die sogenannte Baumbedeckung geht: Hier ist der Verlust von Jahr zu Jahr tendenziell größer. Das hängt mit unterschiedlichen Definitionen von »Wald« und »Baumbedeckung« zusammen.

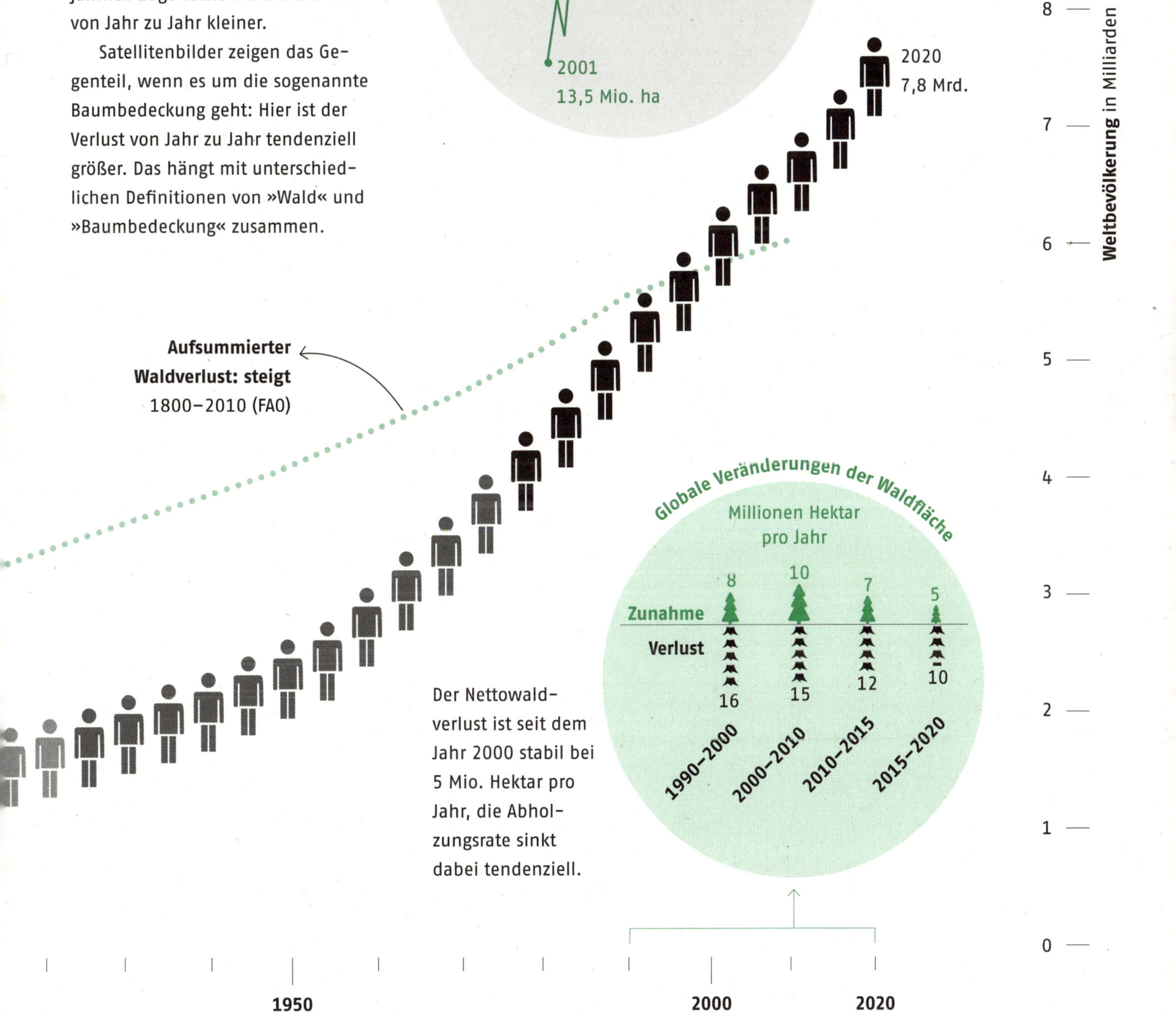

Der Nettowaldverlust ist seit dem Jahr 2000 stabil bei 5 Mio. Hektar pro Jahr, die Abholzungsrate sinkt dabei tendenziell.

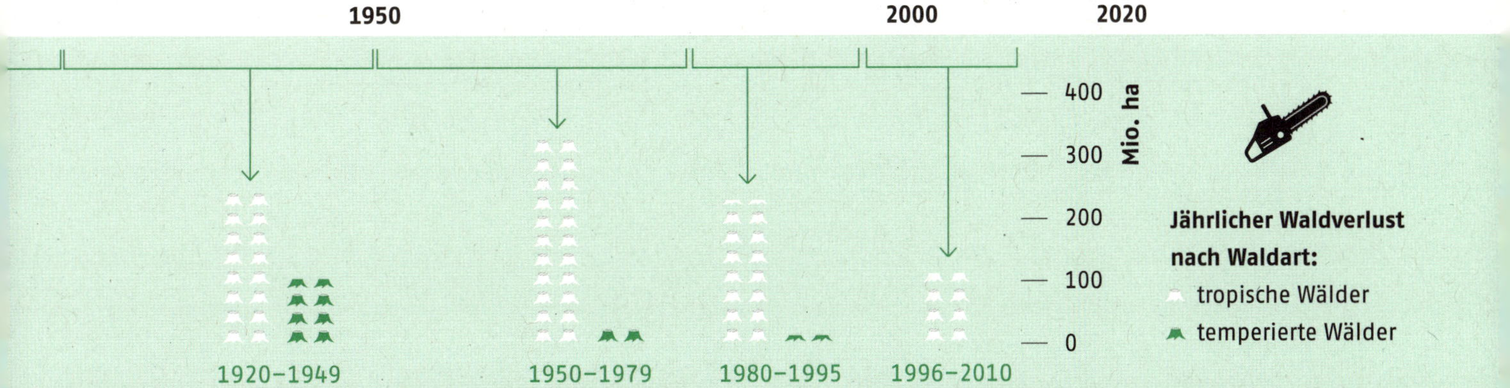

Quellen: FAO (2012 & 2020), Harris et al. (2020), Hansen et al. (2019), Kaplan (2009), UN (2020)

Infrastruktur treibt Entwaldung an

5 %
der Entwaldung finden in größerer Distanz zur Infrastruktur statt.

95 %
der Entwaldung finden im 5-km-Radius um Straßen oder navigierbare Flüsse statt.

Die erste Straße wird durch den Wald gebaut.

Arbeitskräfte ziehen vermehrt in die Region.

Dörfer und kleine Felder entstehen.

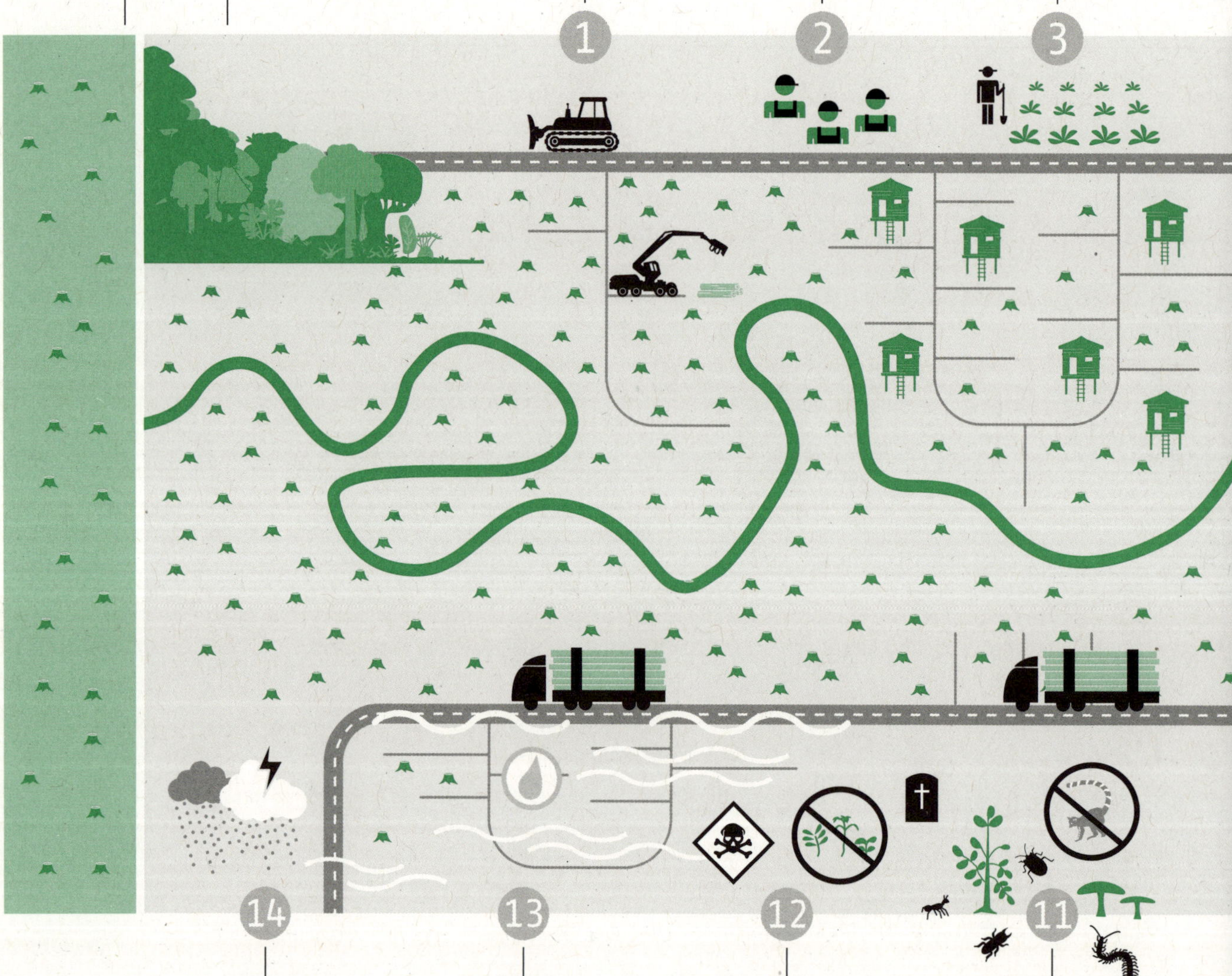

Wasserkreislauf & Mikroklima werden durch Straßen und große entwaldete Flächen gestört.

Zunahme der Erosion: Straßen konzentrieren den Regenwasserablauf und verdichten Böden.

Verunreinigung der Böden und Flüsse mit Schwermetallen, Chemikalien und Salzen

Verlust von Biodiversität sowie Gefährdung von stark bedrohten Arten

Waldnutzung für Feuerholz, Hausbau und Jagd nimmt zu.

Weitere Unternehmen siedeln sich durch die neue Infrastruktur an, die Arbeitersiedlungen wachsen.

Mehr Straßen werden in den Wald gebaut, um den Profit zu erhöhen. Die Abholzung nimmt zu.

Riesige Brachflächen ziehen industrielle Unternehmen an: Landwirtschaft, Rohstoffabbau, Energiegewinnung u. v. m.

Zugtrassen, Rohrleitungen und Häfen werden gebaut, um die neuen Produkte abzutransportieren.

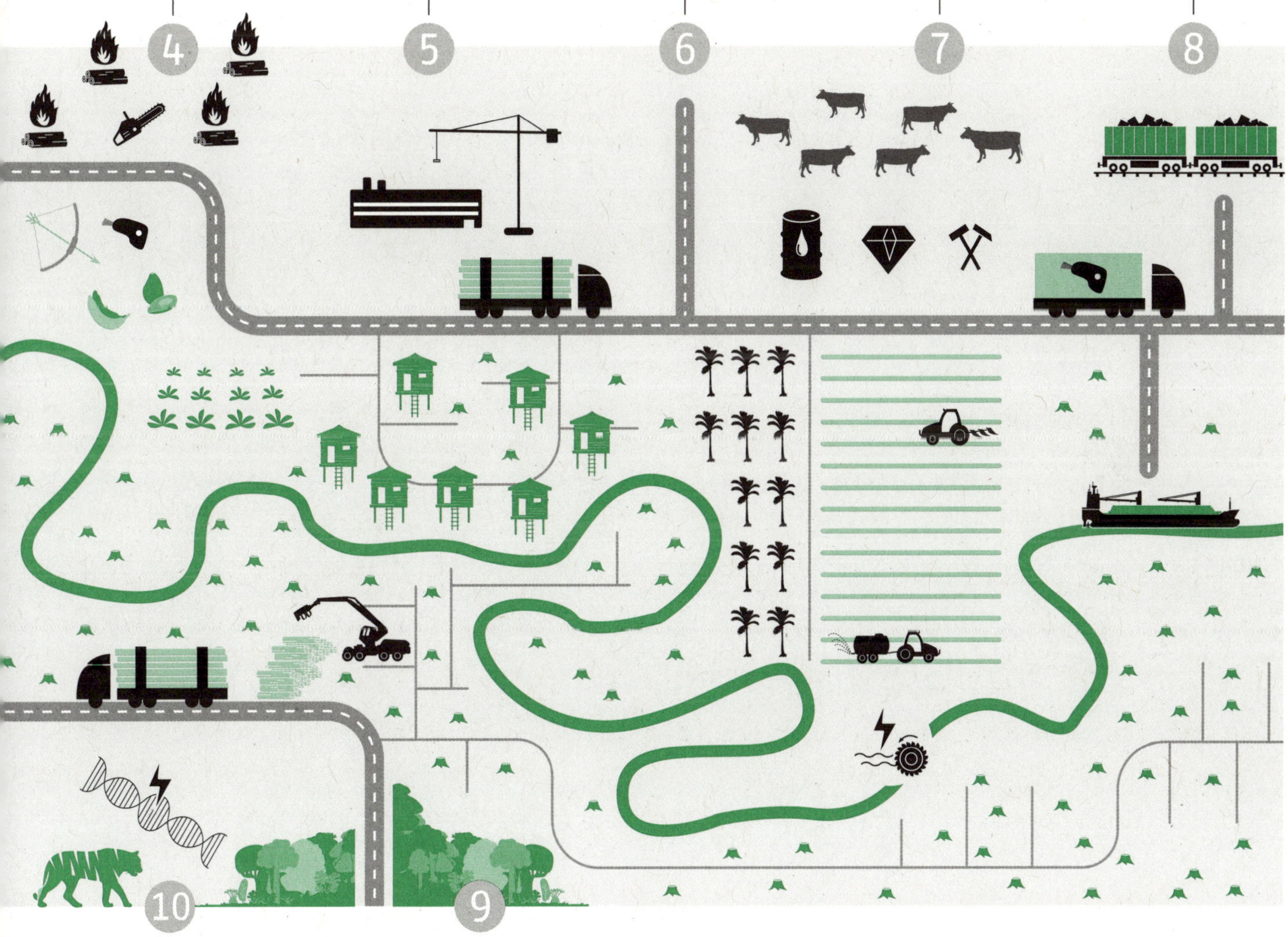

Migrationsrouten, Futtersuche, Verhaltensweisen und Genetik der Tiere werden gestört.

Fragmentierung und Degradierung des Lebensraums wirken sich auf Ökosysteme aus.

… mit schwerwiegenden Folgen für Tiere und Umwelt.

Quellen: Bebbington et al. (2018), Yale University (2020)

Steigende Degradation

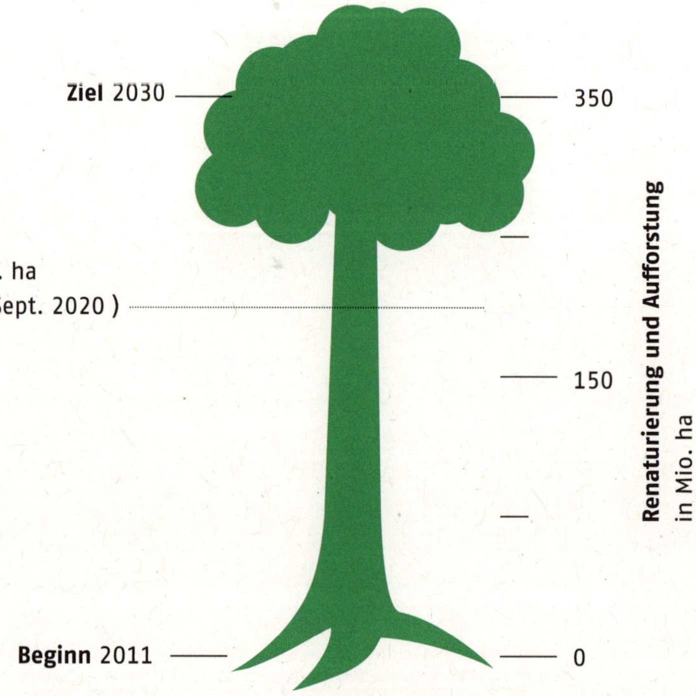

Pro Sekunde wird weltweit eine bewaldete Fläche* von der Größe eines Fußballfeldes zerstört oder degradiert.

*nach Satellitendaten zur Baumbedeckung (Global Forest Watch)

Wälder, in die Menschen so stark eingreifen, dass die Ökosystemfunktionen und die Artenvielfalt vermindert sind, werden als »degradiert« bezeichnet. Meist leiden durch die veränderten Bedingungen die Bodenqualität, -fruchtbarkeit und -biodiversität, mit Abtrag der Humusschicht setzt Bodenerosion ein. Die Produktivität und Regenerationsfähigkeit der Wälder sind insgesamt herabgesetzt, was wiederum direkten Einfluss auf die Menschen hat, die von Wäldern existenziell abhängig sind.

Die Degradierung von Wäldern erzeugt zudem Treibhausgas-Emissionen. Kohlenstoff, in intakten Ökosystemen in Bäumen, Pflanzen und Böden gespeichert, wird durch Degradierung als CO_2 oder Methan freigesetzt und heizt so die Erde weiter auf.

Durch moderne Satellitentechnologie, gepaart mit intelligenten Computermodellen, ist es einfacher geworden, den Zustand der Wälder weltweit zu beurteilen, es bleibt aber immer noch eine Herausforderung, beispielsweise leichte Degradierungen zu detektieren.

Die Weltgemeinschaft hat diese Bedrohungen erkannt und sich in den »Zielen für nachhaltige Entwicklung« der UN sowie in der **»Bonn Challenge«** eine Reduzierung der Degradierung zum Ziel gesetzt. Die Renaturierung** von degradierten Waldflächen kann nur im Zusammenhang mit der Regulierung der menschlichen Nutzung, vermehrter Bildungsarbeit und politischem Willen funktionieren.

**Mehr dazu auf Seite 96/97

»Bonn Challenge«
Die Initiative wurde 2011 von der deutschen Regierung sowie der »Internationalen Union zur Bewahrung der Natur« (IUCN) gegründet und wird seitdem von zahlreichen Regierungen, Privatunternehmen und NGOs unterstützt. Das Ziel ist, durch die Renaturierung von 350 Millionen Hektar Wald 170 Milliarden Euro Wertschöpfung pro Jahr zu generieren, u. a. durch die Verbesserung von Wassereinzugsgebieten, höheren Ernteerträgen und Handel mit nachhaltigen Waldprodukten.

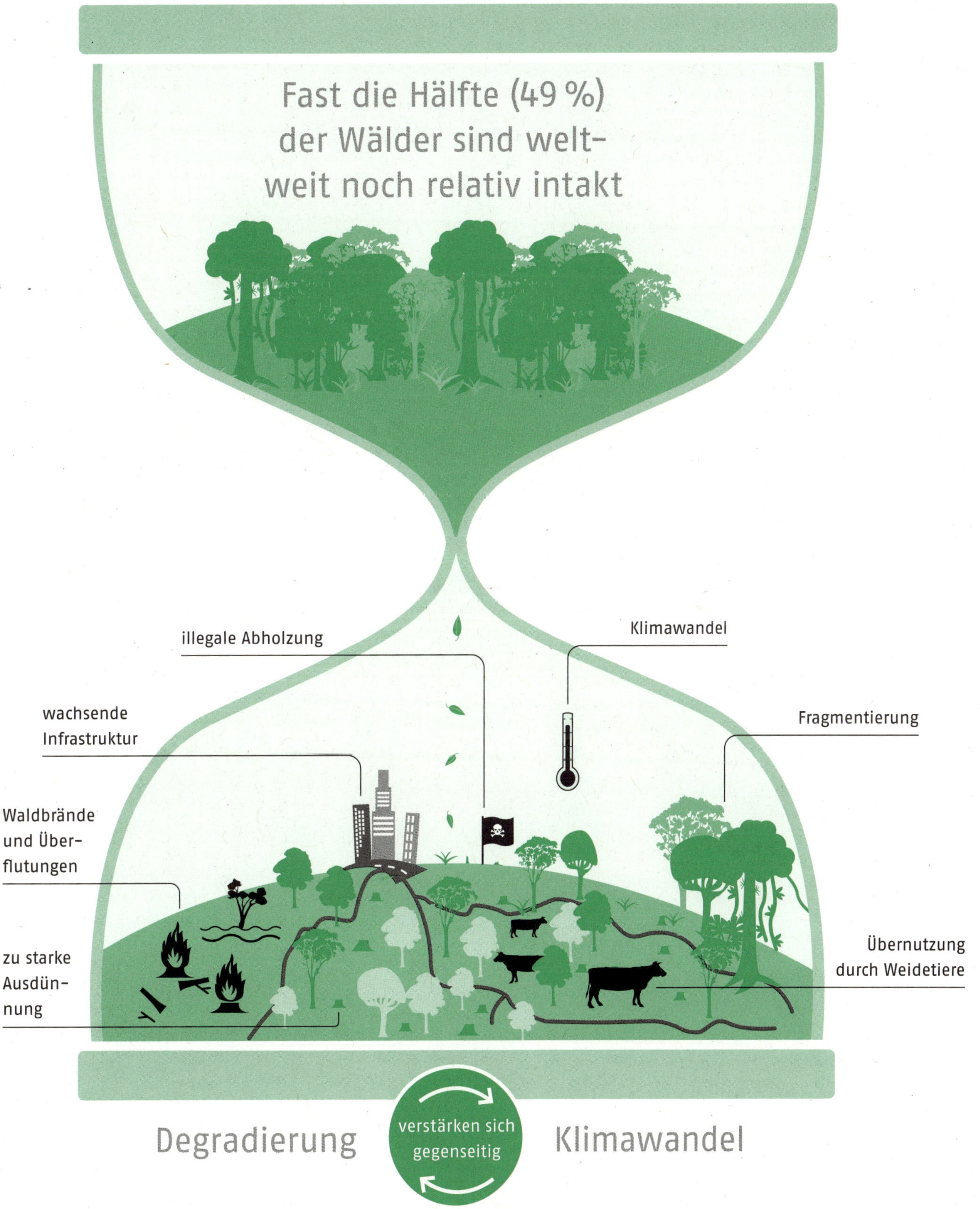

Quellen: BMU (2019), FAO (2020), Harris et al. (2020), IUCN (2017 & 2020), Watson et al. (2018)

Rodung der Torfmoorwälder …

Ein Torfmoorwald ist ein tropischer Tiefland-Regenwald, der auf bis zu 30 Meter mächtigen feuchten Moorschichten wächst.

Ein gesundes Torfmoorökosystem verfügt über einen hohen Grundwasserspiegel.

In Südostasien werden Torfmoorwälder z. B. für die Holzproduktion gefällt oder durch illegale Brandrodung zerstört.

Verschwindet der Wald, setzt eine Entwässerung der Böden ein, CO_2 und Methan werden freigesetzt.

Nach und nach sinkt der Grundwasserspiegel, das Moor trocknet aus und setzt das gespeicherte CO_2 frei.

Endstufe: Das Ökosystem Torfmoor ist zerstört, der Grundwasserspiegel am untersten Limit.

Durch Hitze und fehlende Bodenfeuchte entstehen Feuer, weiteres CO_2 wird freigesetzt.

Anstelle des Waldes werden Ölpalmen gepflanzt, um der weltweit steigenden Nachfrage gerecht zu werden.

Weltweit speichern Torfmoore mindestens 300 Milliarden Tonnen Kohlenstoff. Das entspricht einem Fünftel des gesamten Bodenkohlenstoffs – obwohl Torf nur geringe Flächen einnimmt. Wird das Moor, das zu 90 % aus Wasser besteht, trockengelegt, gelangt der Kohlenstoff als CO_2 in die Luft.

Quellen: Hawighorst (2015), Hooijer et al. (2010), Page et al. (2011), Noleppa et al. (2016)

... für Palmöl-plantagen

Duschgels, Shampoos, Kosmetika

Zusatz zu Biodiesel: 45 % des in Deutschland verbrauchten Palmöls wird im Energiesektor genutzt.

Ca. 50 % der Produkte im Supermarkt enthalten Palmöl.

Reinigungsmittel, Waschmittel, Spülmittel

Durch ihr schnelles Wachstum hat die Ölpalme einen sehr hohen Ertrag pro Hektar, dadurch ist es das billigste Öl auf dem Markt. Da andere Ölpflanzen viel mehr Fläche für dieselbe Menge Öl benötigen, gibt es auch kaum Alternativen, die in großen Mengen ökologisch vorteilhafter wären.

Süßigkeiten

Salzige Snacks

Fertigprodukte

Ölertrag im Vergleich
in Tonnen pro Hektar

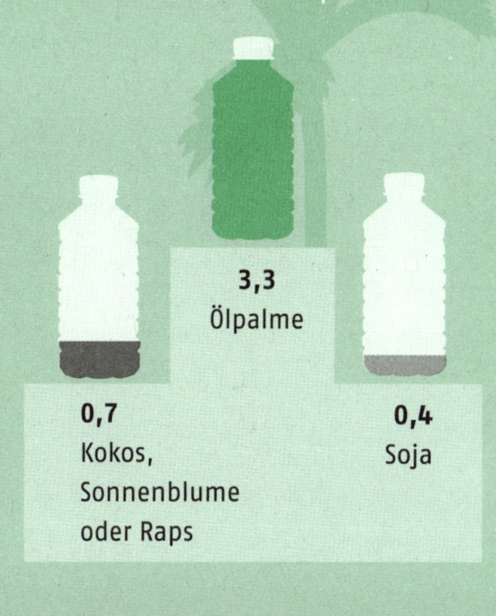

Palmölbasierte Stoffe tarnen sich unter rund 200 Bezeichnungen.

Pro-Kopf-Verbrauch von Palmöl

18,5 Kilogramm pro Jahr in Deutschland

Risiken und Chancen in Südostasien

Zukunftsszenarien:
Ein internationales Team aus Wissenschaftlern* hat zwei potenzielle Extremszenarien errechnet. Welchen Weg wird Südostasien einschlagen?

»Best Case«

1651 Mio. Tonnen Kohlenstoff werden in Wäldern gespeichert und der Atmosphäre als CO_2 entzogen.

»Worst Case«

790 Mio. Tonnen Kohlenstoff gelangen als CO_2 zusätzlich in die Atmosphäre.

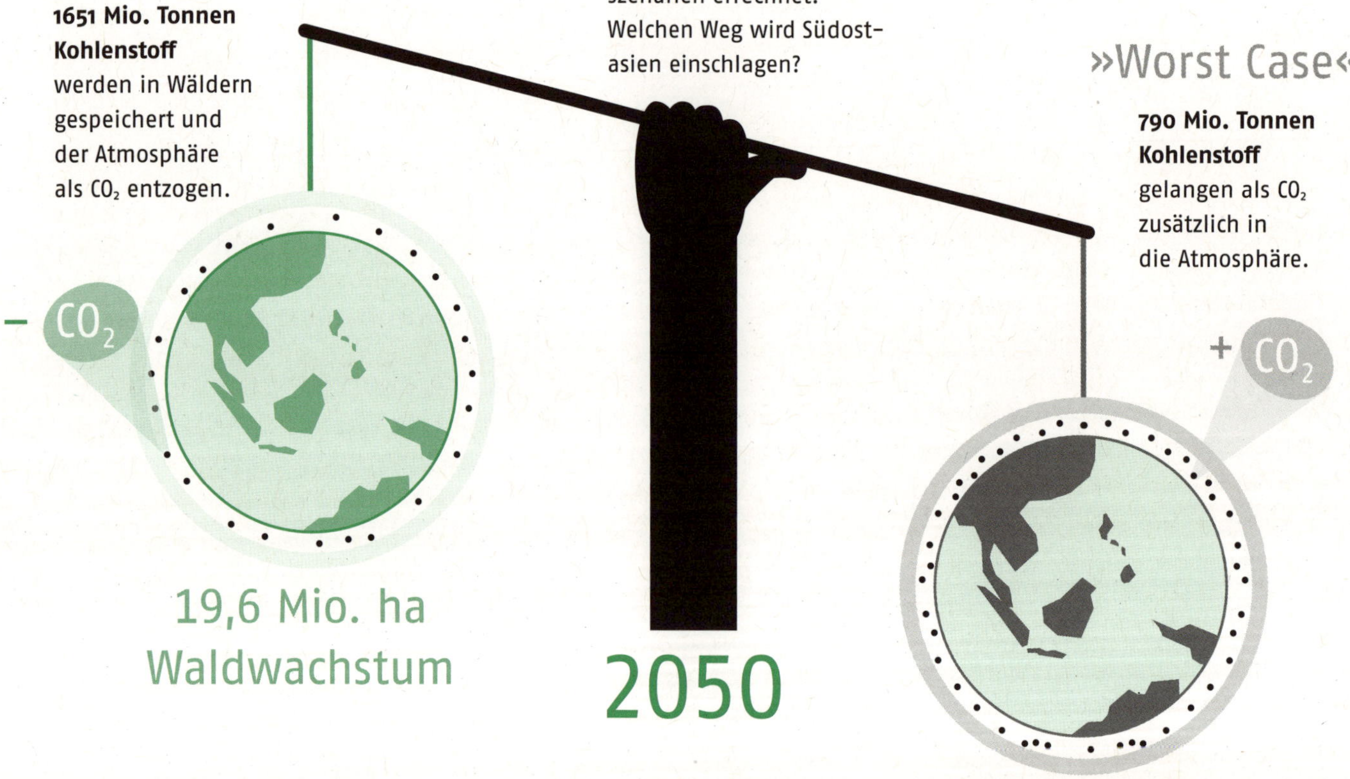

19,6 Mio. ha Waldwachstum

2050

5,2 Mio. ha Waldverlust

Gründe für die Abholzung in Indonesien

(Satellitendaten, 2018)

Palmölplantagen – 23 %

Landwirtschaft & Kleinbauern – 22 %

Papier & Zellstoff, Holz – 21 %

Quellen: Austin et al. (2019), *Estoque et al. (2019), GFW (2020), IUCN (2019 & 2020), Jong (2019), Margono et al. (2014), Subramanian (2011)

Waldschutz in Südostasien heißt auch …

… globaler Klimaschutz

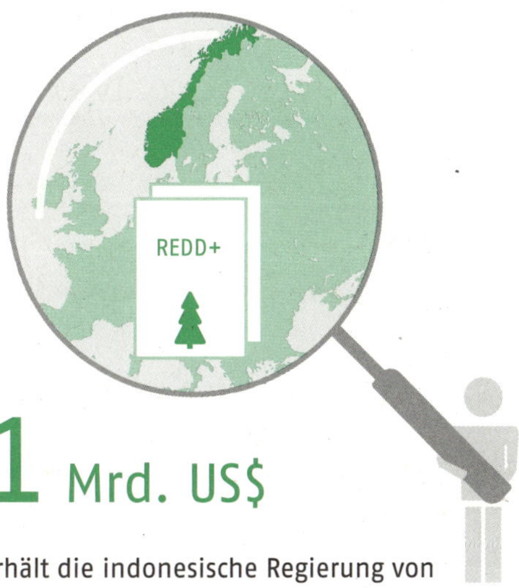

1 Mrd. US$

erhält die indonesische Regierung von Norwegen, wenn sie ihre Regenwälder stärker vor der Abholzung schützt und somit CO_2-Emissionen einspart, als Teil des Abkommens REDD+ (Reduzierte Emissionen durch Entwaldung und Degradierung).

… Schutz der Biodiversität

Die 2017 auf der Insel Sumatra neu entdeckte Menschenaffenart »Tapanuli-Orang-Utan« (Pongo tapanuliensis) ist bereits vom Aussterben bedroht: Die fortschreitende Zerstörung und Fragmentierung seines Lebensraums, u. a. durch ein großes Staudammprojekt, könnten für die verbliebenen Exemplare das Aus bedeuten.

200

Säugetierarten Indonesiens stehen auf der Roten Liste unter »gefährdet« bis zu »vom Aussterben bedroht«. (Stand: April 2020)

20 %

der weltweiten Pflanzen- und Tierarten sind in Südostasien heimisch, die Region gilt daher als Biodiversitäts-Hotspot.

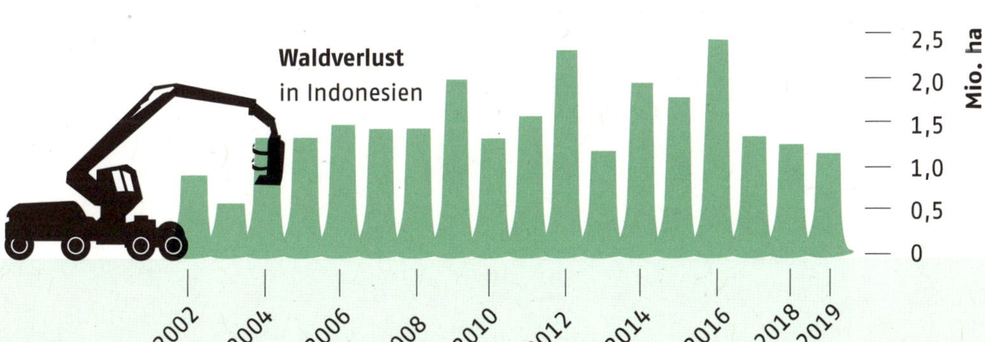

Waldbrände und Umwandlung in Graslandschaften – 20 %

Infrastruktur & kleinere Abholzungen – 10 %

Rohstoffabbau – 2 %

Weitere Gründe, z. B. Staudämme – 3 %

Ca. **40 %** der gesamten jährlich abgeholzten Fläche werden **illegal gefällt,** Interpol geht sogar von 60–80 % aus.

Abholzung für Fleisch und Soja in Brasilien

1 **Bis zu 80 % der Abholzung** und Brandrodung des brasilianischen Regenwaldes ist auf den wachsenden Bedarf an Weideland für Rinder zurückzuführen.

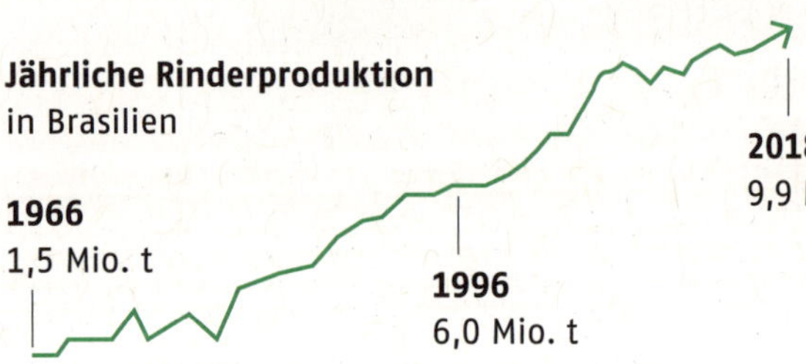

2 **Wäldbrände werden** meist in der Trockenzeit von Juni bis Dezember durch Brandrodung verursacht, u. a. für die landwirtschaftliche Nutzung, zur Landaneignung, als Anlageobjekt (Bodenspekulation) oder bei illegaler Landnahme z. B. für Goldminen.

7 **Die Nachfrage nach Soja** steigt: Sojasamen werden zu 80 % als proteinreiches Viehfutter verwendet, des Weiteren als pflanzliches Öl, Nahrungsmittel und Biodiesel exportiert.

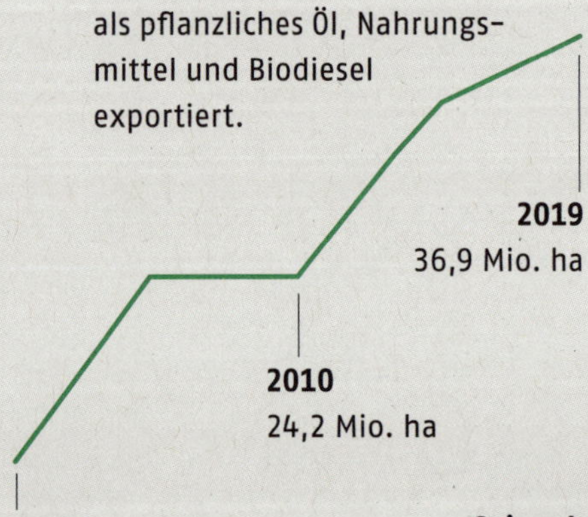

6 **Liefern die Weideflächen** nicht mehr genügend Gras für die Tiere, wird dort z. B. Soja angebaut.

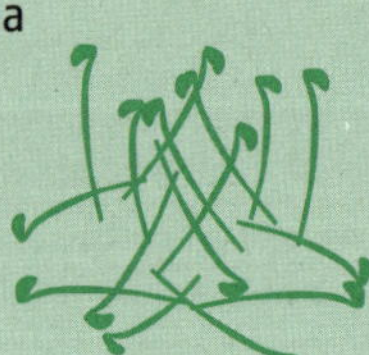

Ca. **37 Mio. ha**

sind in Brasilien mit Sojafeldern bedeckt – eine Fläche, die größer ist als Deutschland. Rund zwei Drittel der Sojapflanzen werden im Amazonasgebiet angebaut, rund ein Drittel im Cerrado-Gebiet im Bundesstaat Mato Grosso.

Quellen: Branfort & Torres (2019), Hubbs et al. (2017), INPE (2019), MapBiomas (2020), USDA (2019 & 2020), Yale (2020)

Mit **20 %**

hat Brasilien den größten Anteil am weltweiten Export von Rinderprodukten: Neben Fleisch werden Milch, Leder und Gelantine gewonnen, um daraus Nahrungsmittel, Kleidung, Möbel, Tierfutter und Kosmetika herzustellen.

3 **Neue Gesetze** und strengere Kontrollen sorgten ab dem Jahr 2005 für eine sinkende Abholzungsrate. Seit der Lockerung der Regulierungen durch den Präsidenten Jair Bolsonaro und dem Machtanstieg der agrarindustriellen Lobby stiegen im Jahr 2019 (auch illegale) Entwaldung und Waldbrände wieder an.

Waldrodung
in Brasilien

5 **Um den steigenden internationalen Bedarf** an Rinderprodukten zu decken, werden immer größere Weiden angelegt. Mit 232 Mio. Rindern (2018) hat Brasilien weltweit die größte Rinderzucht.

Ausdehnung des natürlichen Waldes
in Brasilien (Schätzung)

Entwaldung und Biodiversitätsverlust

Geschätzte 66 % der Primärwälder sind bereits verloren, hauptsächlich in den letzten 200 Jahren.

Kategorien der IUCN gefährdet stark gefährdet vom Aussterben bedroht [ ] ausgestorben

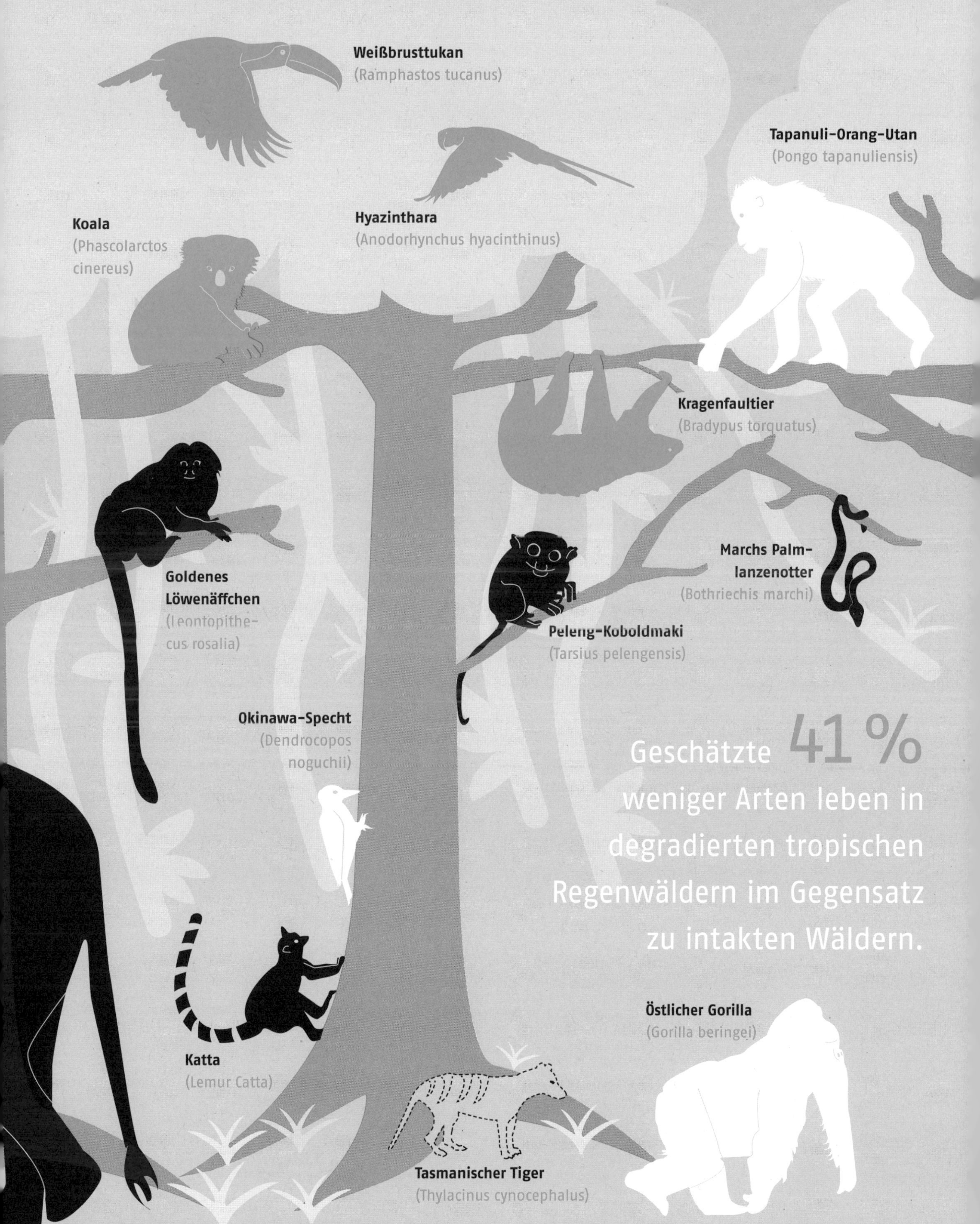

Quelle: Alroy (2017), FAO (2020), IUCN (2020)

Bedrohte Unterwasser-Wälder

Seeotter stellen das biologische Gleichgewicht in pazifischen Kelpwäldern her: Ohne sie würden die Seeigel überhandnehmen und ganze Kelpwälder kahl fressen.

25 % der Küsten sind von Kelpwäldern besiedelt.

■ Kelpwälder **Bedrohungen:** Seeigelwüste Erwärmung des Wassers

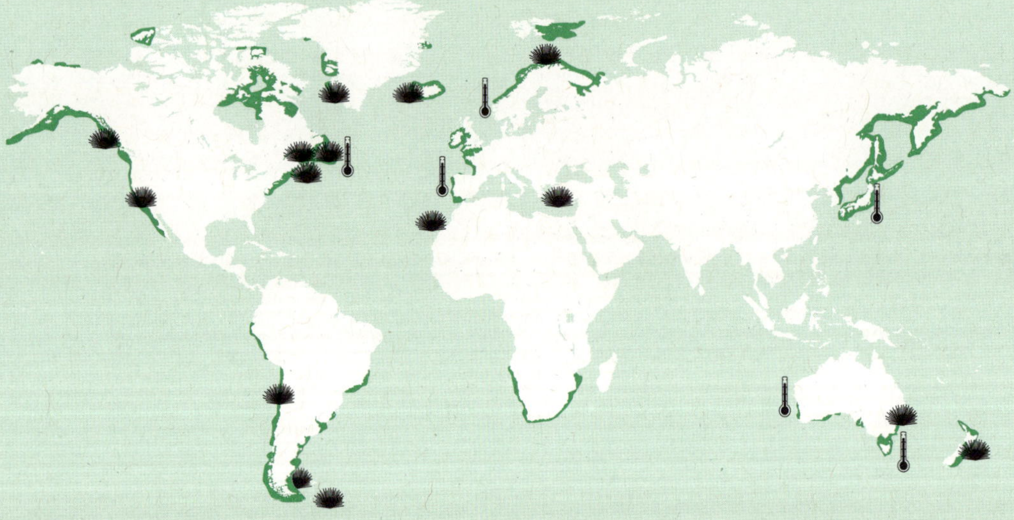

Kelpwälder werden als »Wälder der Ozeane« bezeichnet, wegen ihrer hohen Artenvielfalt, großen Produktivität und Dynamik des Ökosystems und wegen ähnlicher vertikaler Strukturen und Lichtverhältnisse.

Im Kampf gegen den Klimawandel können Kelpwälder eine Schlüsselrolle einnehmen. Sie speichern nicht nur CO_2 aus der Umgebung, sondern helfen auch bei der Anpassung an die Folgen des Wandels: Mit ihrem höheren pH-Wert gelten sie als Refugium für Schalentiere, die von Ozeanversauerung bedroht werden, bei schweren Stürmen tragen sie zum Küstenschutz bei und steigern den Ertrag der Fischer.

Die Zucht von Kelp, traditionell vor China und Japan, hat sich mittlerweile auf Nordamerika und Nordeuropa ausgedehnt: 8 Millionen Tonnen wurden 2016 global geerntet. Als vitamin- und mineralhaltiges Nahrungsmittel ist es in Asien beliebt und wird z. B. als Nahrungsergänzungs- und Bindemittel weiterverarbeitet.

Jedoch sind Kelpwälder durch menschliche Einflüsse wie Meeresverschmutzung und -erwärmung weltweit bedroht. Als unersetzliche, einzigartige Ökosysteme sollten sie dringend unter strengeren Schutz gestellt werden.

Riesentang (Macrocystis pyrifera) wächst bis zu 60 m hoch und 50–60 cm pro Tag. Seine Lebensdauer beträgt bis zu 7 Jahre.

Quellen: Branch (2018), Calloway (2018), Christie et al. (2003), Filbee-Dexter & Wernberg (2018), Grebe et al. (2019), Krause-Jensen & Duarte (2016), NOAA (2020), Schiel & Foster (2016), Wernberg et al. (2019)

Jährlich werden geschätzte 173 Millionen Tonnen Kohlenstoff durch abgestorbenen Kelp langfristig in Sedimente, hauptsächlich in der Tiefsee, eingelagert. Zudem produziert der Kelp während der Photosynthese große Mengen Sauerstoff.

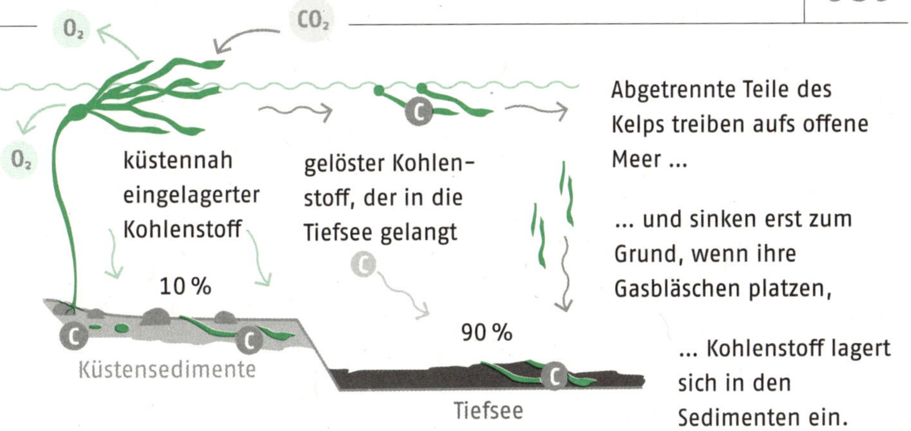

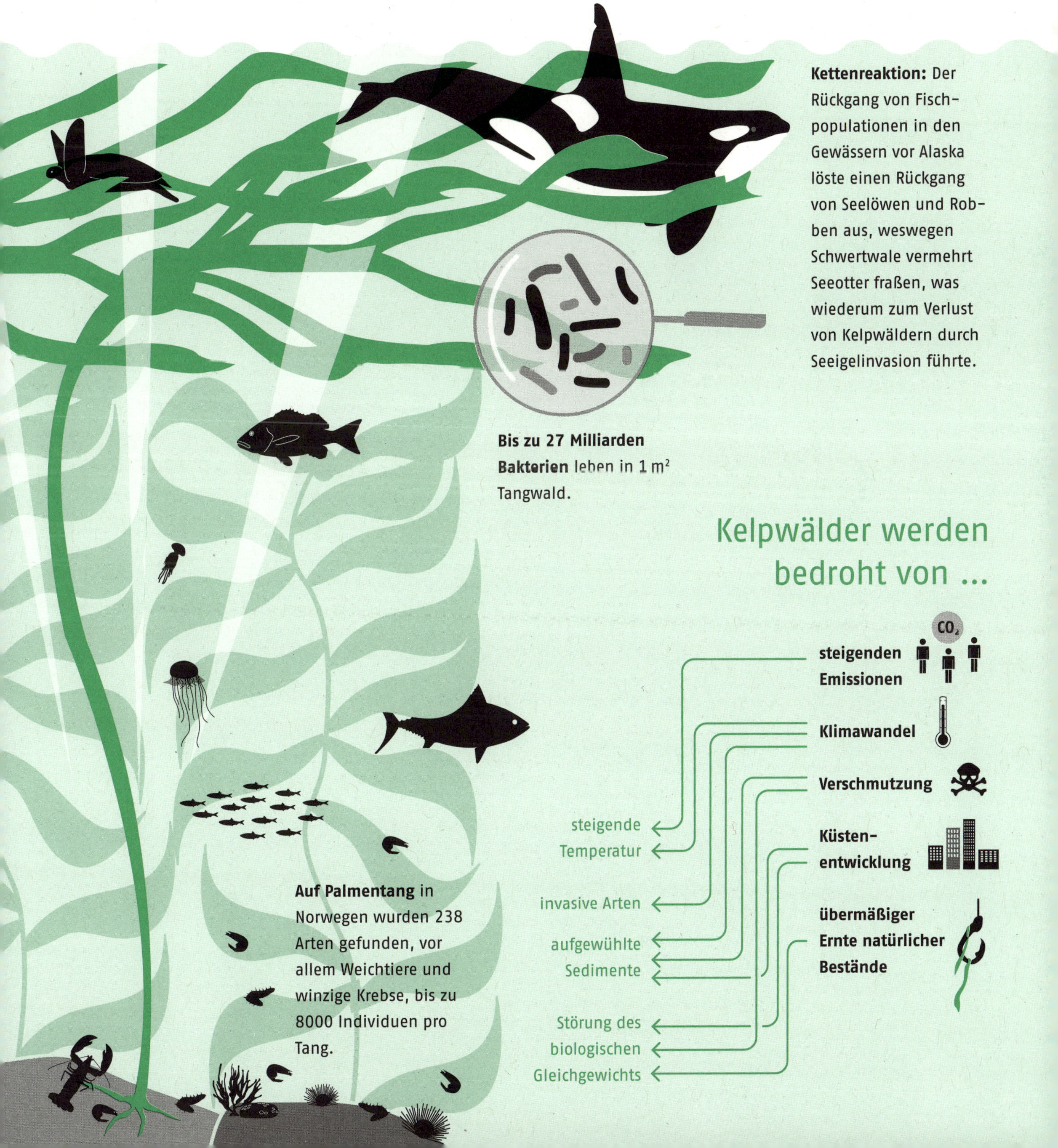

Kettenreaktion: Der Rückgang von Fischpopulationen in den Gewässern vor Alaska löste einen Rückgang von Seelöwen und Robben aus, weswegen Schwertwale vermehrt Seeotter fraßen, was wiederum zum Verlust von Kelpwäldern durch Seeigelinvasion führte.

Bis zu 27 Milliarden Bakterien leben in 1 m^2 Tangwald.

Auf Palmentang in Norwegen wurden 238 Arten gefunden, vor allem Weichtiere und winzige Krebse, bis zu 8000 Individuen pro Tang.

Kelpwälder werden bedroht von …

- **steigenden Emissionen** (CO_2)
- **Klimawandel**
- **Verschmutzung**
- **Küstenentwicklung**
- **übermäßiger Ernte natürlicher Bestände**

Folgen:

- steigende Temperatur
- invasive Arten
- aufgewühlte Sedimente
- Störung des biologischen Gleichgewichts

»Wälder sind unser Zeitjoker in der Klimakrise. In der Kombination einer Reduzierung der Treibhausgas-Emissionen und einer Wiederaufforstung von 1.000 Milliarden Bäumen wird es möglich sein, das 2-Grad-Ziel des Pariser Klimaabkommens noch zu halten.
Das Tolle: Jeder kann etwas tun, indem er Aufforstungsinitiativen weltweit unterstützt.«

Felix Finkbeiner
Gründer von »Plant-for-the-Planet«

Waldschutz

In 10 Punkten zu mehr Waldschutz

Persönlicher Einsatz 10

Sich öffentlich für neue und vorhandene Schutzgebiete einsetzen, für Recyclingpapier im Büro oder durch Konsumboykotte.

Konsumverhalten 9

Nachhaltig und lokal konsumieren, von der Ernährung bis zum Schuhkauf – Waldschutzhelden gesucht!

Mehr dazu ab Seite 108

Degradation entgegenwirken 8

Durch politischen Willen, internationale Kooperationen und finanzielle Anreize degradierte Wälder erkennen, schützen und renaturieren.

Wälder & Felder 7

Äcker in Agroforstsysteme umwandeln: Bäume auf den Feldern helfen in dürregeplagten Regionen, den Boden feucht zu halten und somit größere Ernteerfolge zu erzielen.

Klimaflexibler Waldbau 6

Statt Monokulturen: forstwirtschaftlich genutzte naturnahe Wälder mit einer Mischung aus 3–4 Arten anstreben, um eine höhere Überlebenschance des Bestands zu sichern.

Staatenübergreifende Kooperationen intensivieren

Initiativen wie REDD+ und die »Bonn Challenge«, Wissenstransfer zu nachhaltigen Forstpraktiken und Renaturierungen fördern

Quellen: div. Quellen aus dem Kapitel

1 Verantwortungsvolle Waldnutzung

Ziel: Nach den Prinzipien der Nachhaltigkeit angemessen mit den endlichen Ressourcen der Wälder umgehen, sodass auch zukünftige Generationen von den Ökosystemleistungen der Wälder profitieren können.

2 Abholzungsfreie Lieferketten einführen

Ziel: die Produktion, der Anbau und die Zucht von »Agrarrohstoffen« für Konsumgüter ohne Eingriffe in intakte Waldökosysteme. Nutzung von Brachflächen statt Primärwäldern.

Aufklärungs-arbeit vernetzen und ausweiten

z. B. Onlineplattformen, Waldwochen, Bildung, Medien, TV, Bücher

3 Illegale Abholzung eindämmen

Besseres Monitoring und stärkere Kontrollen gegen illegale Abholzung, auch mithilfe von Drohnen, Satelliten und Handytechnologien, sowie die Schaffung von finanziellen Alternativen zum illegalen Abholzen.

4 Schutzgebiete vergrößern

Den immensen Wert von Urwäldern und alten Baumbeständen weltweit anerkennen und durch strikte Schutzgebiete angemessen honorieren. Besonders tropische Wälder besser schützen und dafür einen finanziellen Anreiz schaffen.

5 Renaturierung anstreben

Ehemalige Wälder renaturieren: durch minimale Eingriffe des Menschen der natürlichen Waldverjüngung helfen sowie Aufforstungen in Gebieten vorantreiben, in denen die Renaturierung über sehr lange Zeiträume nicht möglich ist.

Wachsende Schutzgebiete

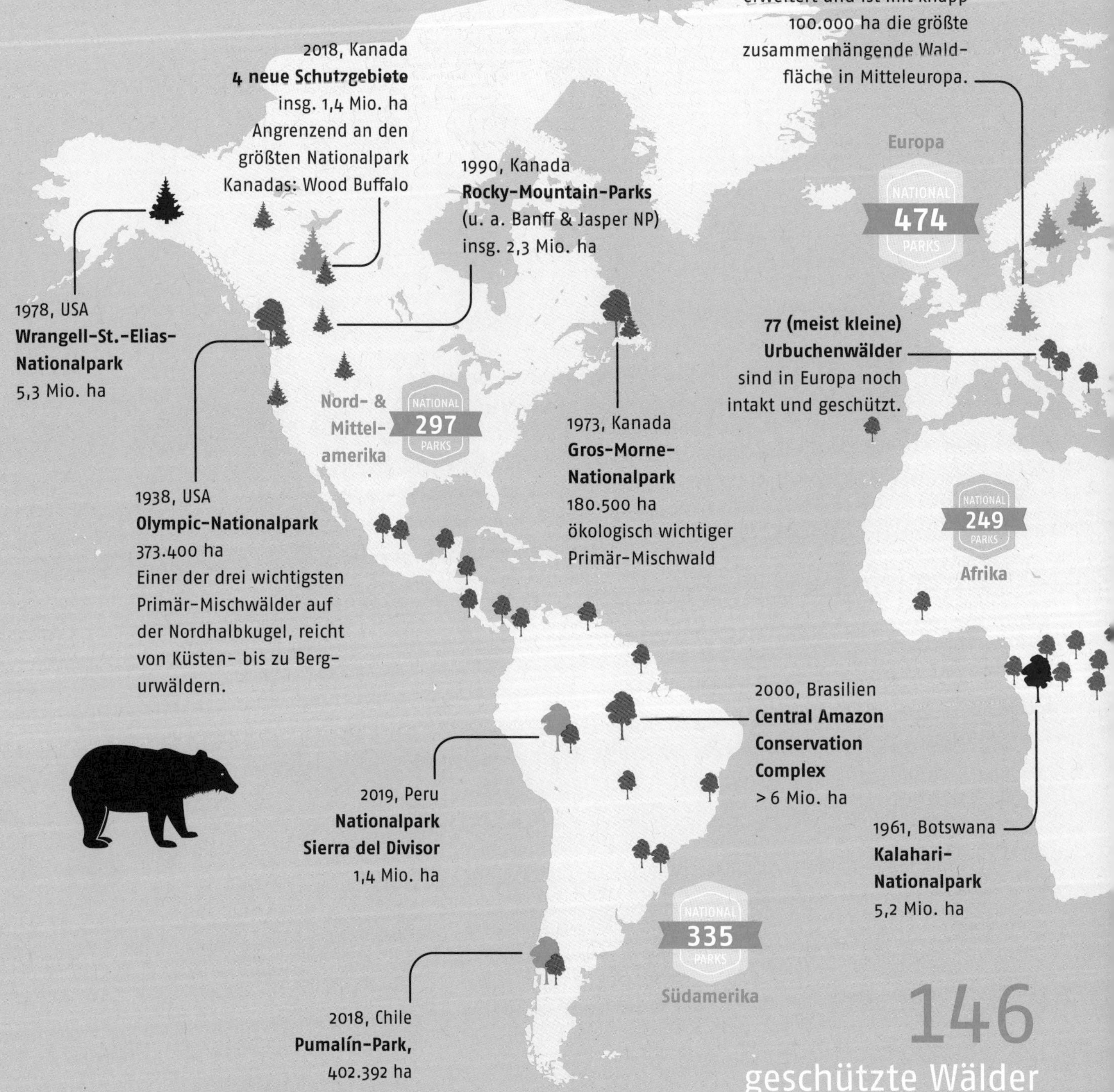

2020, Deutschland & Tschechien
Nationalpark Bayerischer Wald & Šumava-Park
Die geschützte Fläche wurde erweitert und ist mit knapp 100.000 ha die größte zusammenhängende Waldfläche in Mitteleuropa.

2018, Kanada
4 neue Schutzgebiete
insg. 1,4 Mio. ha
Angrenzend an den größten Nationalpark Kanadas: Wood Buffalo

1990, Kanada
Rocky-Mountain-Parks
(u. a. Banff & Jasper NP)
insg. 2,3 Mio. ha

1978, USA
Wrangell-St.-Elias-Nationalpark
5,3 Mio. ha

77 (meist kleine) Urbuchenwälder
sind in Europa noch intakt und geschützt.

1973, Kanada
Gros-Morne-Nationalpark
180.500 ha
ökologisch wichtiger Primär-Mischwald

1938, USA
Olympic-Nationalpark
373.400 ha
Einer der drei wichtigsten Primär-Mischwälder auf der Nordhalbkugel, reicht von Küsten- bis zu Bergurwäldern.

2000, Brasilien
Central Amazon Conservation Complex
> 6 Mio. ha

2019, Peru
Nationalpark Sierra del Divisor
1,4 Mio. ha

1961, Botswana
Kalahari-Nationalpark
5,2 Mio. ha

2018, Chile
Pumalín-Park,
402.392 ha

146 geschützte Wälder sind zugleich UNESCO-Weltkulturerbe.

Quellen: Huang et al. (2020), NPs (2020), UNESCO (2020), WNP (2020)

Regeneration von Wäldern

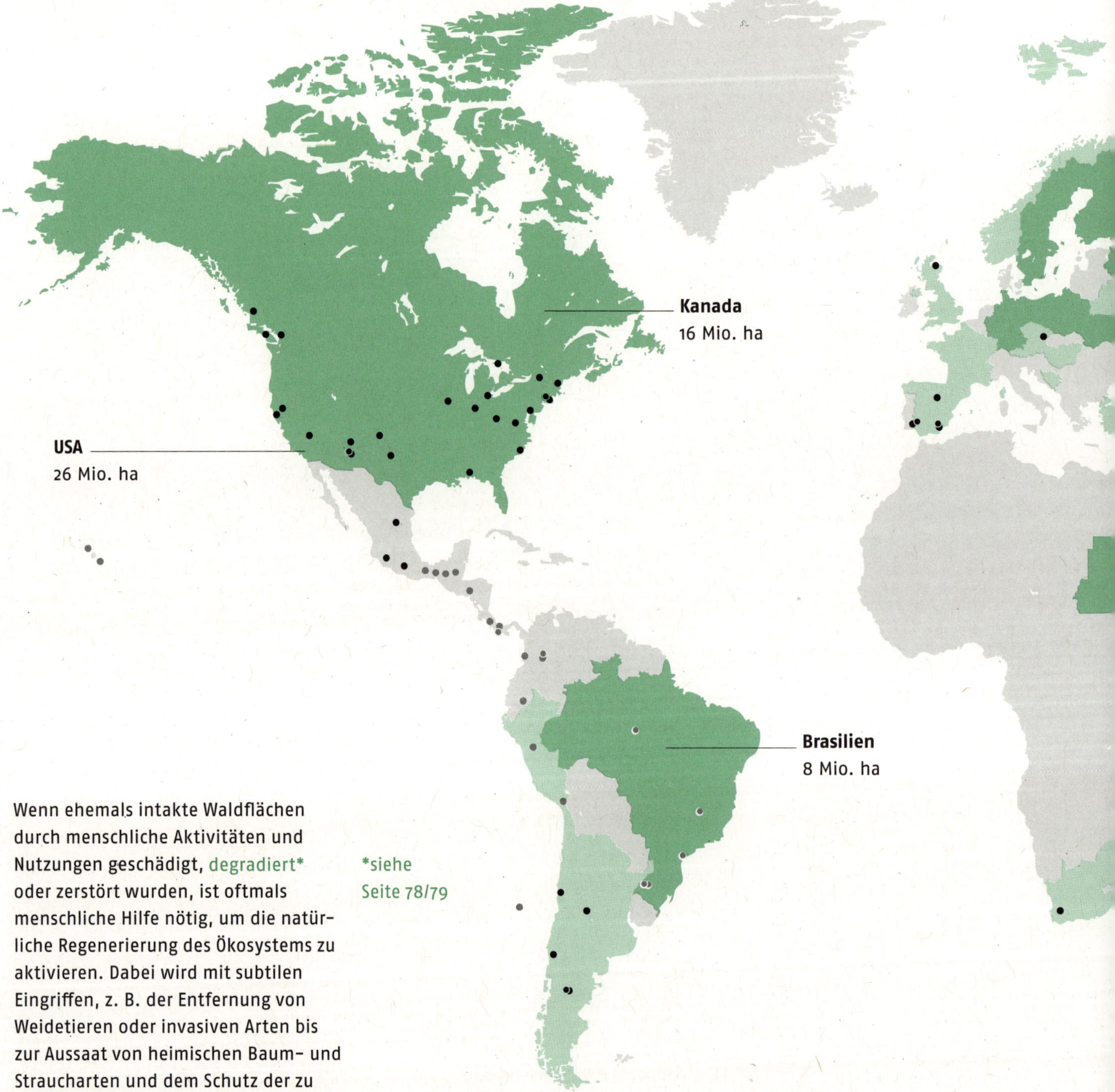

Wenn ehemals intakte Waldflächen durch menschliche Aktivitäten und Nutzungen geschädigt, degradiert* oder zerstört wurden, ist oftmals menschliche Hilfe nötig, um die natürliche Regenerierung des Ökosystems zu aktivieren. Dabei wird mit subtilen Eingriffen, z. B. der Entfernung von Weidetieren oder invasiven Arten bis zur Aussaat von heimischen Baum- und Straucharten und dem Schutz der zu renaturierenden Fläche, eine langsame Annäherung an den ursprünglichen Zustand angestrebt. Jahrtausendealte Waldökosysteme lassen sich nicht in wenigen Jahrzehnten wieder in ihren ursprünglichen Zustand zurückversetzen, auch klimatische Veränderungen bestimmen das »neue Aussehen« des Waldes.

*siehe Seite 78/79

Dem Ökosystem helfen ...

keine Weidenutzung

kein Feuerholz entnehmen

invasive Arten entfernen

unter Schutz stellen

Renaturierungs-projekte ● tropische Wälder ● temperierte Wälder

Aufforstungen 1990–2015 ■ >27 Mio. ha ■ 5–26 Mio. ha ■ 1–4 Mio. ha

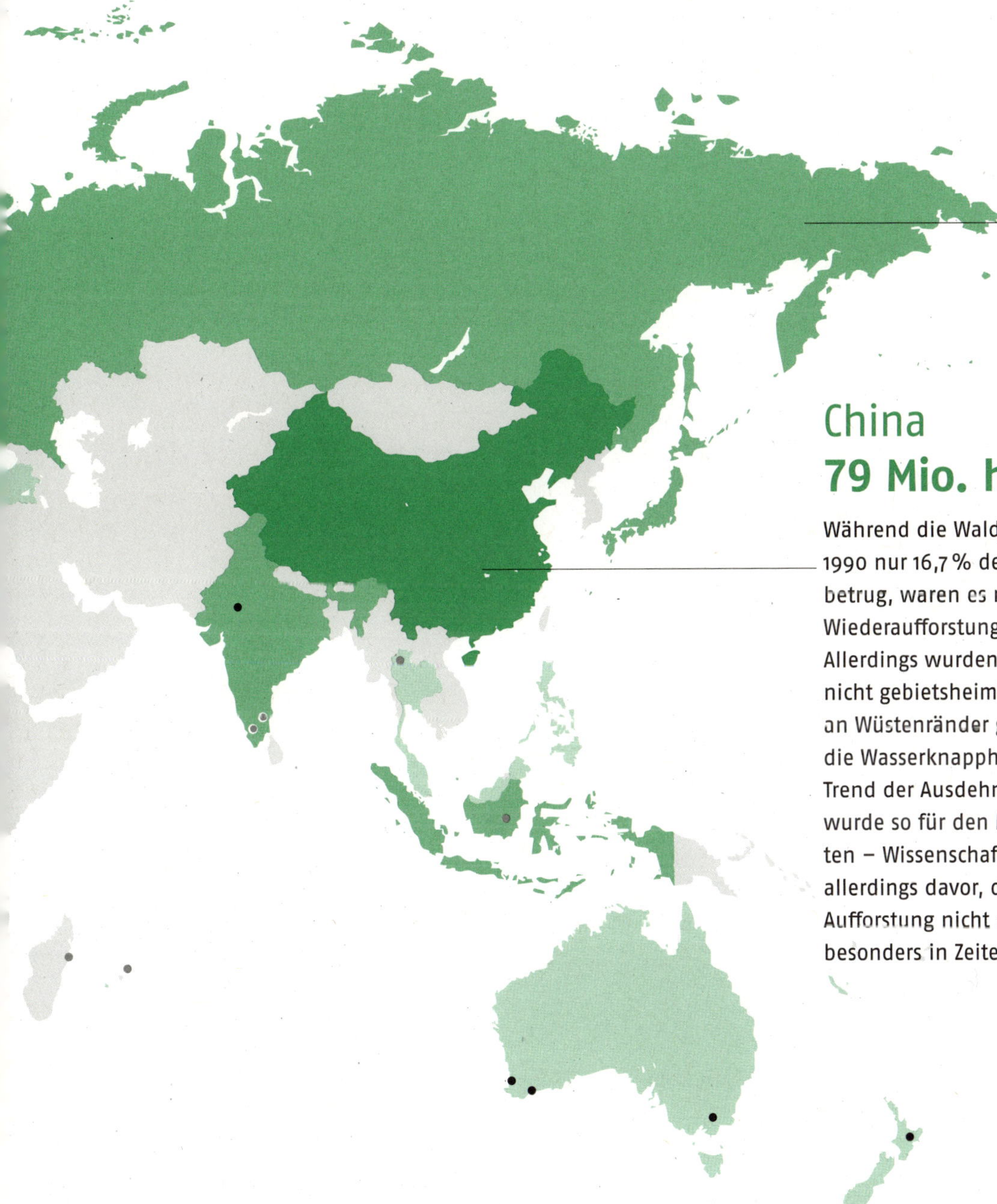

China
79 Mio. ha

Während die Waldfläche Chinas 1990 nur 16,7 % der Gesamtfläche betrug, waren es nach 25 Jahren Wiederaufforstung 2015 schon 22,2 %. Allerdings wurden dabei häufig nicht gebietsheimische Baumarten an Wüstenränder gepflanzt, was die Wasserknappheit verstärkte. Der Trend der Ausdehnung der Wüsten wurde so für den Moment aufgehalten – Wissenschaftler*innen warnen allerdings davor, dass diese Art der Aufforstung nicht nachhaltig sei, besonders in Zeiten der Klimakrise.

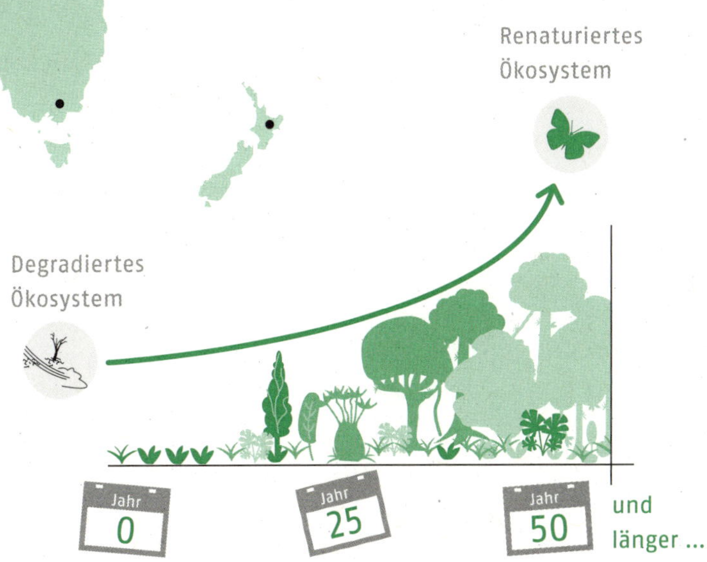

... sich selbst zu helfen

Vernässung von ehem. Mooren

heimische Tiere wieder einführen

heimische Arten säen & pflanzen

Quellen: CB (2018), SER (2020), Zastrow (2019)

Nachhaltige Forstwirtschaft

Natürliche Waldverjüngung
Ein wichtiger Aspekt nachhaltiger Forstwirtschaft ist die Einschätzung, ob der Wald genug Samen, junge Triebe und Jungbäume aufweist, um die Regeneration sicherzustellen.

»Nachhaltig« heißt …
… auf lokaler, nationaler und globaler Ebene: die Bewirtschaftung und Nutzung von Wäldern und Waldflächen in einer Art und Weise, die ihre biologische Vielfalt, Produktivität, Regenerationsfähigkeit, Vitalität und ihr Potenzial bewahrt, jetzt und in Zukunft relevante ökologische, wirtschaftliche und soziale Funktionen zu erfüllen, ohne dabei anderen Ökosystemen Schaden zuzufügen. (Definition von »Forest Europe«, 1993, aus der Helsinki-Resolution H1)

Infrastruktur
Der Bau von Abflussrohren unter Forststraßen verhindert die Verunreinigung von Wasserläufen, die entstehen kann, wenn Straßenbau den Ablauf von Regenwasser beeinflusst.

Sekundärwälder
Eine selektive Fällung von bestimmten Bäumen (bis zu 30 %) hilft, das Ökosystem zu erhalten.

Eine zukunftsfähige Forstwirtschaft arbeitet »mit der Natur«, nicht gegen sie. Nachhaltig heißt, das Waldökosystem mit all seinen Bestandteilen einzubeziehen; das komplexe Gefüge aus Bäumen, kleineren Pflanzen, Böden, Tieren und Wasserkreisläufen soll intakt bleiben. Es beinhaltet auch, dass der Wald durch nachhaltige Forstpraktiken vor Bränden, Krankheiten, Schädlingen und anderen negativen Klimawandeleffekten geschützt wird und Zeit zum Nachwachsen hat.

Nachhaltiges Waldmanagement setzt zudem die Menschen in den Fokus, die von ihm leben und die ihn nutzen, heute und in Zukunft. Statt kurzfristiger Gewinnmaximierung ist das Ziel eine langfristige ökonomische Nutzung, die den Wald weder degradiert noch seine Ökosystemleistungen herabsetzt.

Wasserqualität
Ein weiterer Aspekt ist der Schutz von Wasserläufen und Feuchtbiotopen. Der weltweit in vielen Ländern noch übliche Kahlschlag kann den Boden und ganze Wasserläufe in der Umgebung austrocknen.

Quellen: Blumroeder et al. (2019), Borchert et al. (2008), FE (2016), FSC (2020), Gatti et al. (2015), Smith et al. (2002)

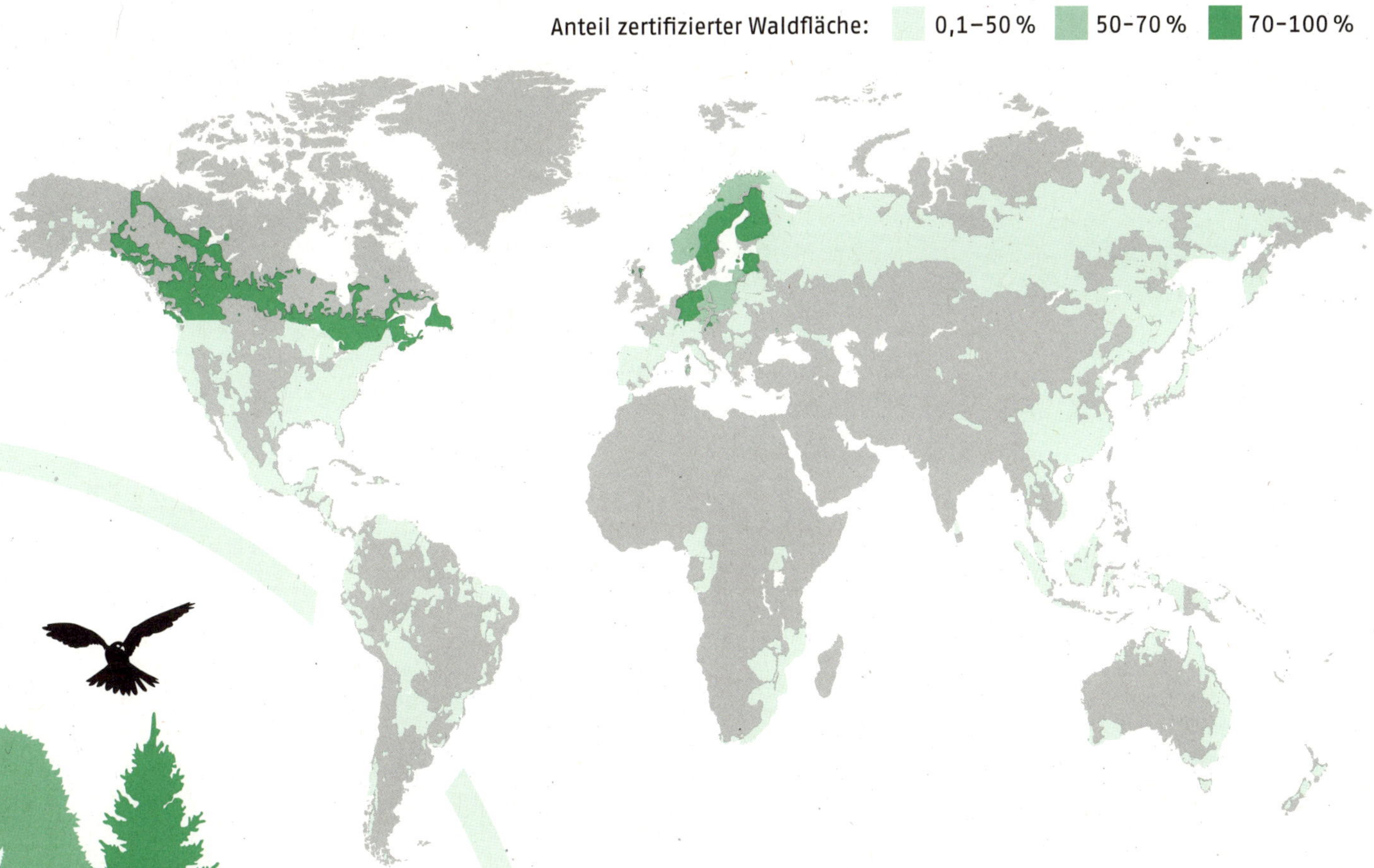

Die Entscheidung, welche Bäume stehen bleiben, ist dabei ebenso wichtig wie die, welche gefällt werden.

Primärwälder
In tropischen Urwäldern sorgen als »nachhaltig« bezeichnete selektive Fällungen oft für Jahrzehnte andauernde Schäden, z. B. Verringerung der Biodiversität und Biomasse. Primärwälder sollten daher weltweit unter Schutz gestellt werden.

1 Mrd. Hektar Wald werden heute weltweit nachhaltig bewirtschaftet. Die beiden Hauptakteure sind der »Forest Stewardship Council« (FSC®) und das »Programme for the Endorsement of Forest Certification« (PEFC). Allerdings geraten deren Siegel immer wieder in die Kritik, da die Kriterien nicht in allen Ländern gewissenhaft erfüllt werden. So wurde zuletzt auf FSC-zertifizierten Flächen in Russland borealer Urwald im Kahlschlag abgeholzt.

Boden- & Baumschutz
Harvester benötigen nur 2 Minuten, um einen Baum zu fällen und zu trimmen. Sie verdichten dabei jedoch den Boden und verletzen Wurzeln und Borke der umliegenden Bäume. Daher ist es besonders wichtig, dass diese Maschinen nur auf »Rückegassen« und nur dann fahren dürfen, wenn der Boden gefroren oder sehr trocken ist. Leichtere Maschinen eignen sich in Hanglagen gut, und bei kleineren Flächen sind zum Abtransport Pferde die schonendste Alternative.

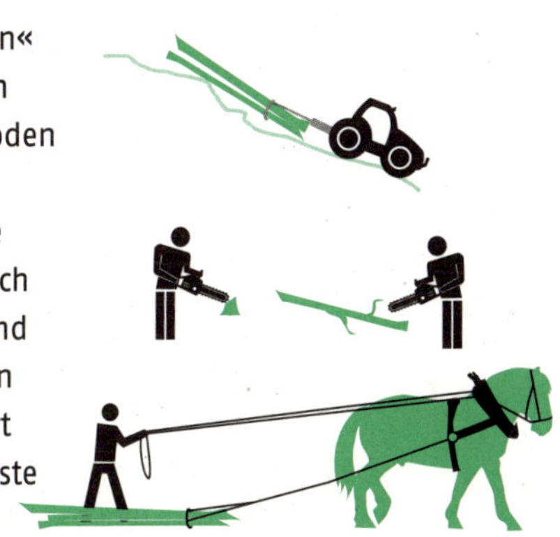

Entwaldungsfreie Lieferketten

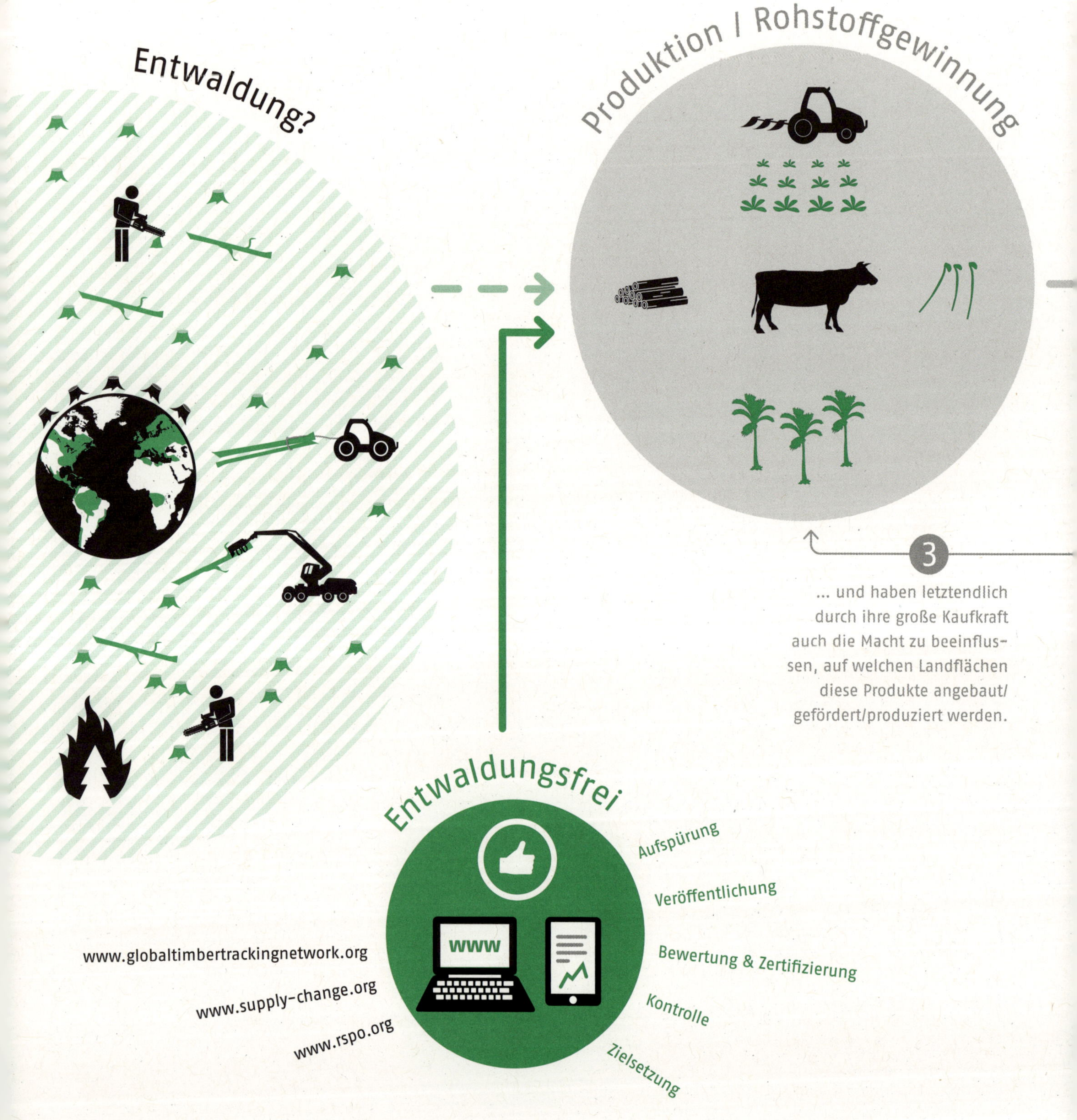

Quellen: Donofrio et al. (2017), Hurowitz et al. (2020)

Mehr als 60 Mio. Hektar tropische Wälder wurden seit dem Jahr 2000 für die Gewinnung von landwirtschaftlichen Gütern abgeholzt; das entspricht ca. der 5-fachen Waldfläche Deutschlands.

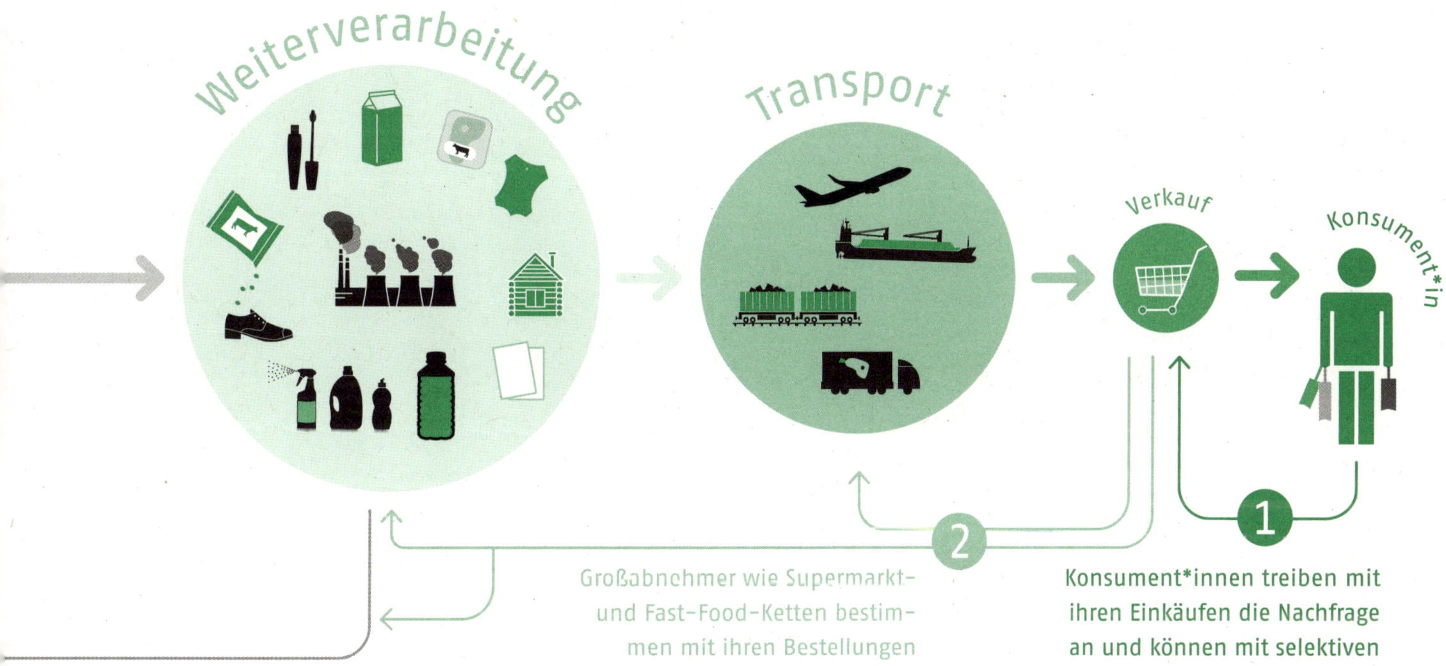

Die permanente Umwandlung von Wäldern in landwirtschaftliche Flächen hat mit 5 Millionen Hektar pro Jahr ein Niveau erreicht, das Klima, Biodiversität und Gesundheit der Menschen weltweit unumkehrbaren Schaden zufügt.

Der wachsende Fleischkonsum in den Industrienationen und der steigende Bedarf an Viehfutter in Form von Soja ist der vorherrschende Entwaldungsgrund in Südamerika, während es in Südostasien die Palmölproduktion ist. Die größten Supermarkt- und Fast-Food-Ketten weltweit sind zugleich die größten Abnehmer einer Handvoll Unternehmen, die für die Abholzungen verantwortlich sind.

Während der letzten 10 Jahre haben viele Unternehmen erkannt, dass sie Lieferketten stärker überwachen und hinterfragen müssen, aber die Bemühungen reichen momentan nicht aus.

Einige wenige Unternehmen* verlangen von ihren Lieferanten die strenge Einhaltung der sogenannten NDPE-Richtlinien (keine Abholzung, Zerstörung von Torfmooren und Ausbeutung). Zudem gewinnt nachhaltiges Palmöl an Bedeutung, zertifiziert durch den »Runden Tisch für nachhaltiges Palmöl« (RSPO).

*siehe www.supply-change.org

Die größten Lebensmittelhersteller weltweit müssen sich stärker dafür einsetzen, ihre Lieferketten abholzungsfrei zu gestalten, degradiertes Land wieder zu renaturieren und die Artenvielfalt zu schützen, um den Schaden, den sie angerichtet haben, wiedergutzumachen – Reparationszahlungen an die Natur.

Illegale Abholzung eindämmen

Schäden durch illegale Entwaldung haben nicht nur lokale, sondern auch weltweite Auswirkungen: Geschätzte 1,5 Gt CO_2-Emissionen werden jährlich durch illegale Abholzung und Umwandlung in landwirtschaftliche Flächen freigesetzt. Das ist in etwa so viel, wie ganz Russland 2018 emittiert hat (1,7 Gt).

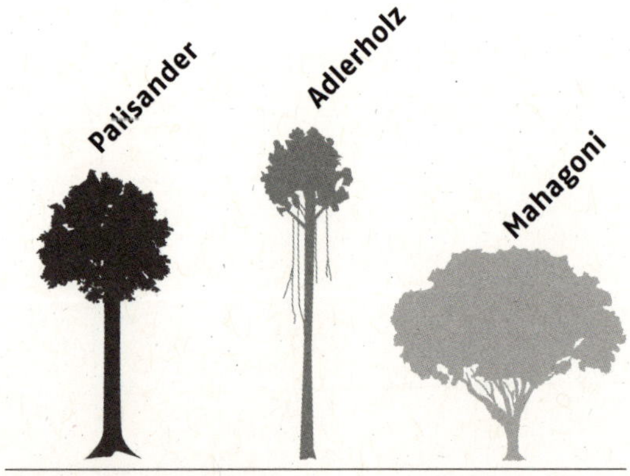

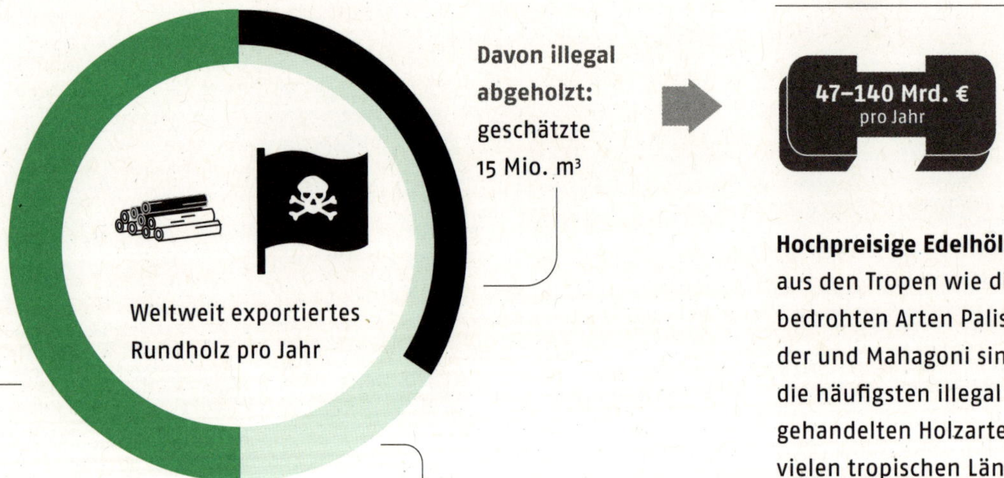

... ist das illegal gehandelte Holz laut einer Schätzung von Interpol wert.

Hochpreisige Edelhölzer aus den Tropen wie die bedrohten Arten Palisander und Mahagoni sind die häufigsten illegal gehandelten Holzarten. In vielen tropischen Ländern beträgt der illegal gefällte Anteil 50–90 % der Holzproduktion.

Die globalen Schmuggelrouten

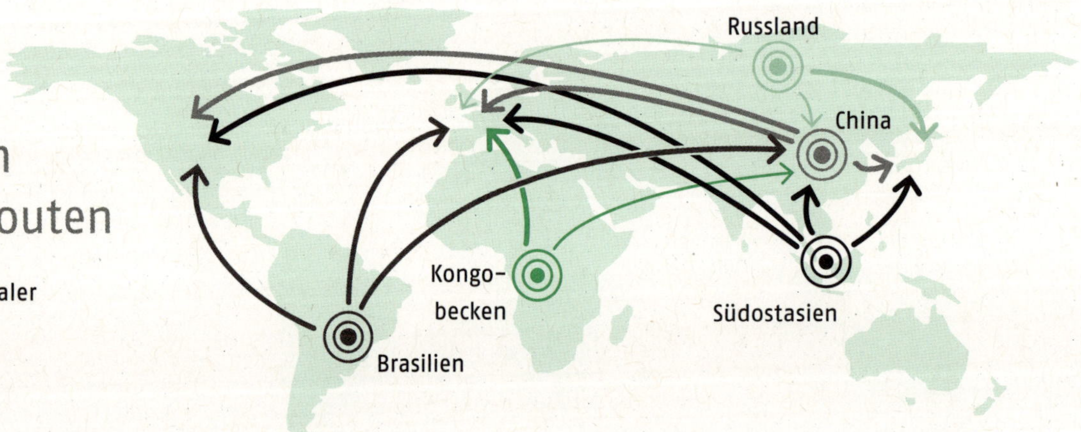

→ Exportrouten illegaler Holzprodukte

◎ Hotspots illegaler Entwaldung

Quellen: Cheung et al. (2015), Glover (2020), Lawson (2014), Interpol (2019), RFCX (2020), Yale (2020)

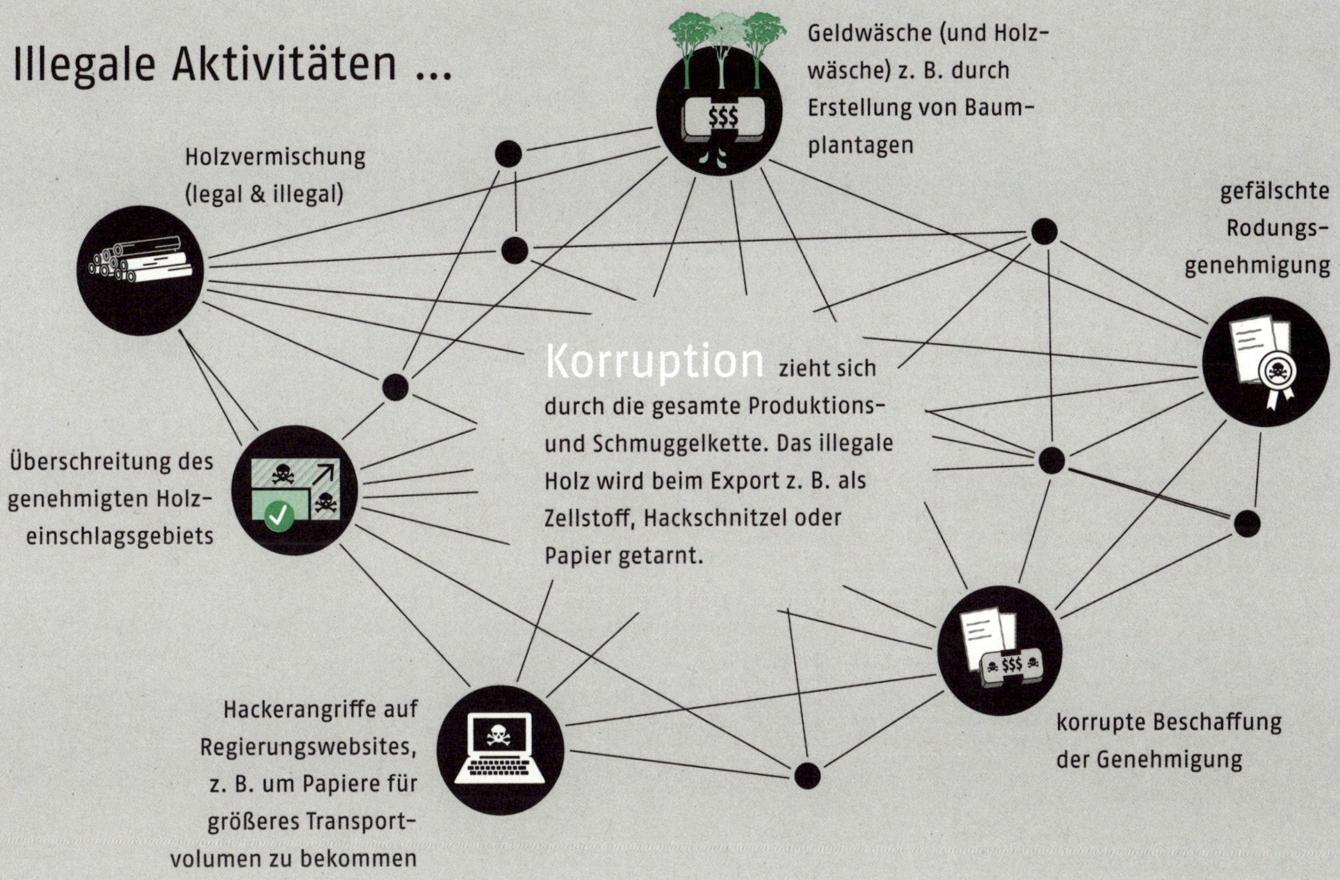
Illegale Aktivitäten ...
Geldwäsche (und Holzwäsche) z. B. durch Erstellung von Baumplantagen
$$$
Holzvermischung (legal & illegal)
gefälschte Rodungsgenehmigung
Korruption zieht sich durch die gesamte Produktions- und Schmuggelkette. Das illegale Holz wird beim Export z. B. als Zellstoff, Hackschnitzel oder Papier getarnt.
Überschreitung des genehmigten Holzeinschlagsgebiets
$$$
Hackerangriffe auf Regierungswebsites, z. B. um Papiere für größeres Transportvolumen zu bekommen
korrupte Beschaffung der Genehmigung

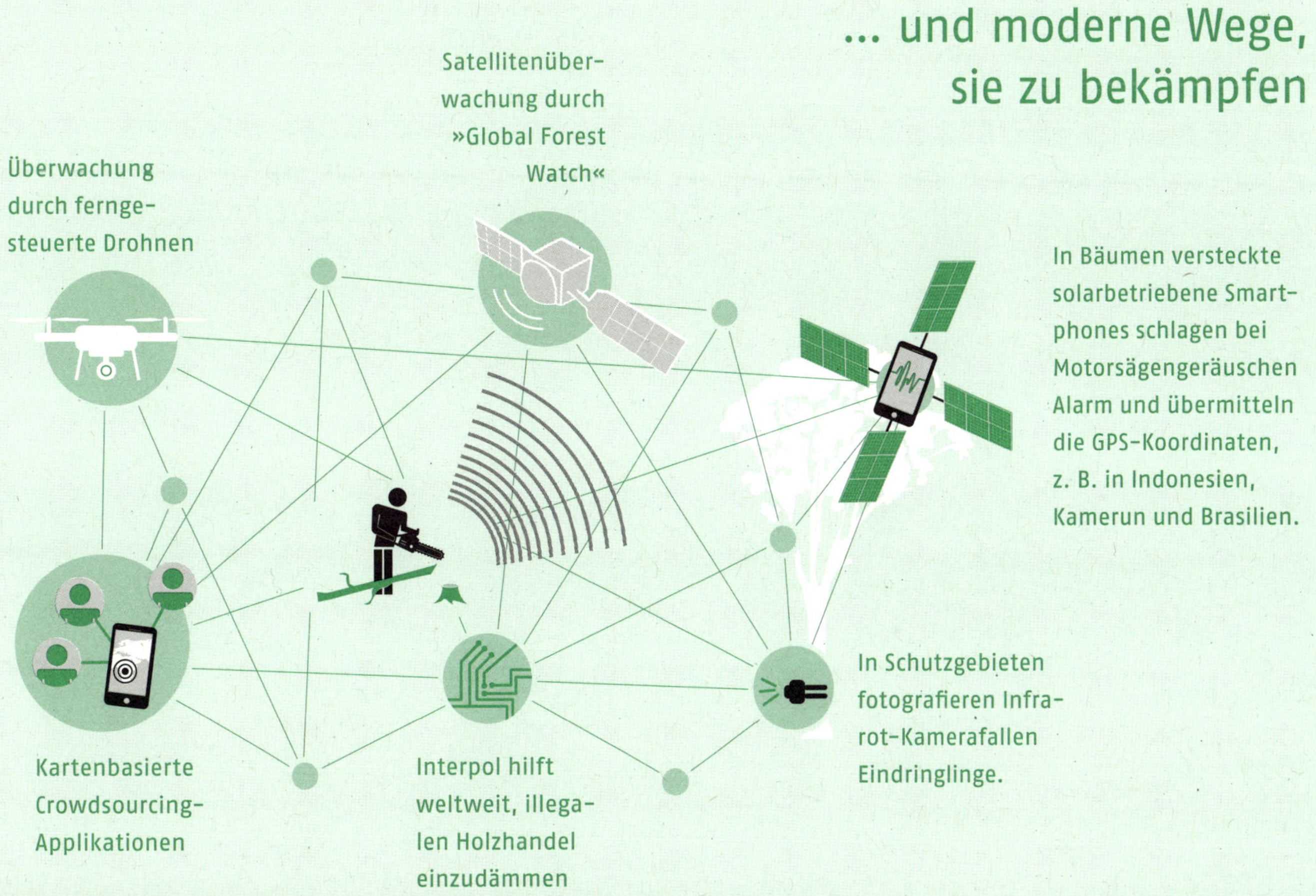
... und moderne Wege, sie zu bekämpfen
Satellitenüberwachung durch »Global Forest Watch«
Überwachung durch ferngesteuerte Drohnen
In Bäumen versteckte solarbetriebene Smartphones schlagen bei Motorsägengeräuschen Alarm und übermitteln die GPS-Koordinaten, z. B. in Indonesien, Kamerun und Brasilien.
In Schutzgebieten fotografieren Infrarot-Kamerafallen Eindringlinge.
Kartenbasierte Crowdsourcing-Applikationen
Interpol hilft weltweit, illegalen Holzhandel einzudämmen

Zukunftsweisende Agroforstwirtschaft

1 Äcker & Bäume
(Silvoarable Systeme)

»Alley Cropping«
Bäume und Ackerpflanzen werden in parallelen Reihen angebaut, teilweise so eng, dass sich die Baumkronen berühren können. Meist werden Fruchtbäume oder Werthölzer gepflanzt, z. B. Walnuss, Kirsche, Eiche oder Kastanie. Auf dem Acker werden Mais, Weizen, Roggen, Kartoffeln oder Bohnen angebaut.

Gewässerschutzstreifen
Sie werden gezielt um Flüsse und Seen herum angelegt, beherbergen Agroforstprodukte, stabilisieren den Uferbereich, schützen die Wasserqualität und erhöhen die Biodiversität. In einigen Ländern und Regionen sind Gewässerschutzstreifen per Gesetz auf öffentlichen und privaten Flächen sogar Pflicht.

Windschutzhecken
In U- oder L-Form werden unterschiedliche Gehölze einreihig oder mehrreihig an der windzugewandten Seite der Felder, meist Obstplantagen, angelegt. Sie können auf dem Acker ein kühleres und feuchteres Mikroklima erzeugen. Zudem bilden sie einen Lebensraum für viele Arten und erhöhen so die Biodiversität.

Nachhaltig & klimaflexibel

Landwirtschaftliche Flächen dürfen in Zeiten der Klimakrise und des globalen Bevölkerungswachstums keine Wälder verdrängen. Stattdessen müssen vorhandene Flächen klüger, produktiver und vielseitiger genutzt werden, u. a. durch eine strategische Kombination aus Landwirtschaft mit Bäumen und Waldflächen. So profitieren nicht nur die Landwirte auf lange Sicht, sondern die gesamte Gesellschaft von den daraus resultierenden ökologischen und ökonomischen Verbesserungen.

»**Forest Farming**«
Hauptsächlich in den USA und Kanada praktiziert. Dabei werden in einem Waldstück hochpreisige Heilpflanzen, Kräuter, Pilze oder Blumen angebaut, während gleichzeitig Werthölzer gefällt werden, allerdings in einer schonenden Art und Weise, sodass das Waldklima erhalten bleibt.

2 Tiere & Bäume

(Silvopastorale Systeme)

Halboffene Weidelandschaften & Streuobstwiesen
An heißen Tagen bieten Weiden mit Bäumen und Waldstücken Schatten für die Tiere und erhöhen die Bodenfeuchtigkeit bei Dürren, zudem können je nach Bewaldung auch Brennholz, Pilze, Beeren, Tierfutter oder Einstreu geerntet werden.

3 Äcker, Tiere & Bäume

(Agrosilvopastorale Systeme)

Dehesa & Waldgärten
In Spanien wurde um 2500 v. Chr. die sogenannte Dehesa eingeführt. Wie in Waldgärten wird hier eine Bewirtschaftung mit Holz, Vieh sowie Obst, Gemüse und Honig praktiziert.

Quellen: Franklin et al. (2018), FAO (2020), DeFAF (2020)

Hoffnungsträger in Afrika

Die GGW

- Initiator: Afrikanische Union (AU)
- 20 Staaten helfen finanziell
- Zeitraum 2007–2030?
- Länge: fast 8000 km
  Breite: ca. 15 km
- Ziele bis 2030:
  - □ 100 Mio. ha bewalden
  - □ 250 Mio. t Kohlenstoff binden
  - □ 10 Mio. Jobs schaffen

Die Great Green Wall (GGW) ist ein Mosaik von Renaturierungsprojekten in knapp 30 Ländern, das sich durch die Sahelzone zieht. Hauptsächlich werden Bodenschutz- und Wasserverbesserungsmaßnahmen umgesetzt, um die Regionen wieder ergrünen zu lassen. Das Pflanzen von Bäumen macht dagegen nur einen kleinen Teil der Aktivitäten aus, da es sehr teuer ist und zuerst die trockenen Verhältnisse verbessert werden müssen.

18 % der »Great Green Wall«, 17,8 Mio. ha, sind bislang renaturiert.

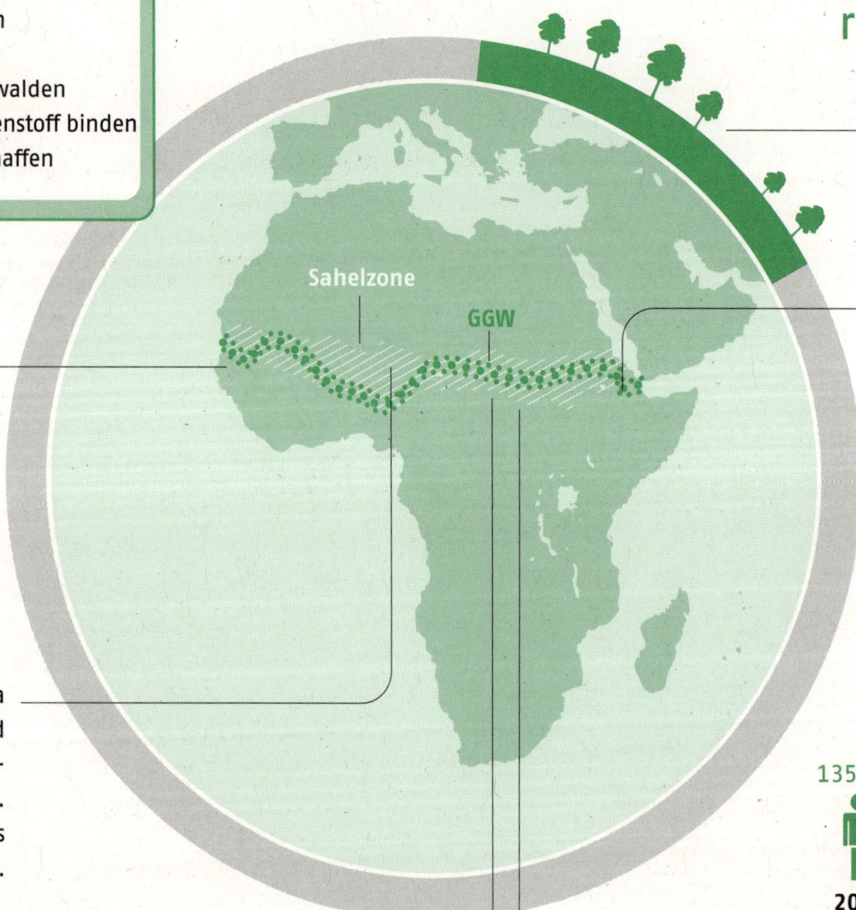

Senegal hat bisher 18 Mio. Bäume gepflanzt und ca. 192.000 ha Land renaturiert und bewaldet.

Niger hat 730.000 ha degradiertes Land bewaldet sowie renaturiert und dabei ca. 21.500 »grüne« Jobs geschaffen.

Äthiopien hat bislang ca. 12 Mio. ha degradiertes Land und Böden renaturiert und 218.400 neue Jobs geschaffen.

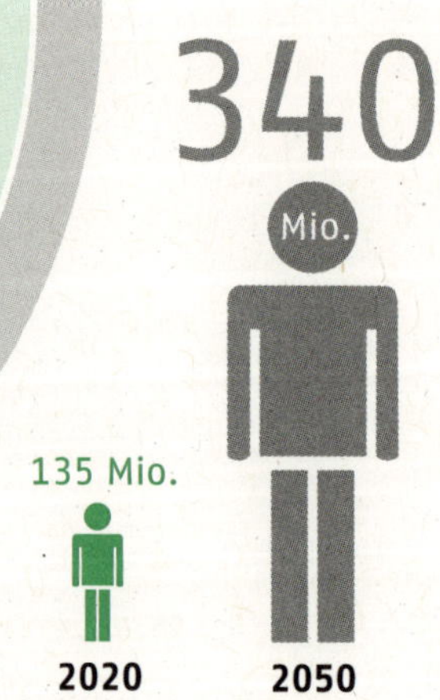

80 % der Menschen in der Sahelzone leben in Armut, d. h. von weniger als 2 € am Tag.

Bevölkerungswachstum in der Sahelzone ist rapide und wird u. a. dazu führen, dass in Zukunft mehr junge Menschen Arbeit in ländlichen Regionen suchen oder infolge von Arbeitslosigkeit abwandern.

Die Renaturierung hat viele Ziele, je nach Region …

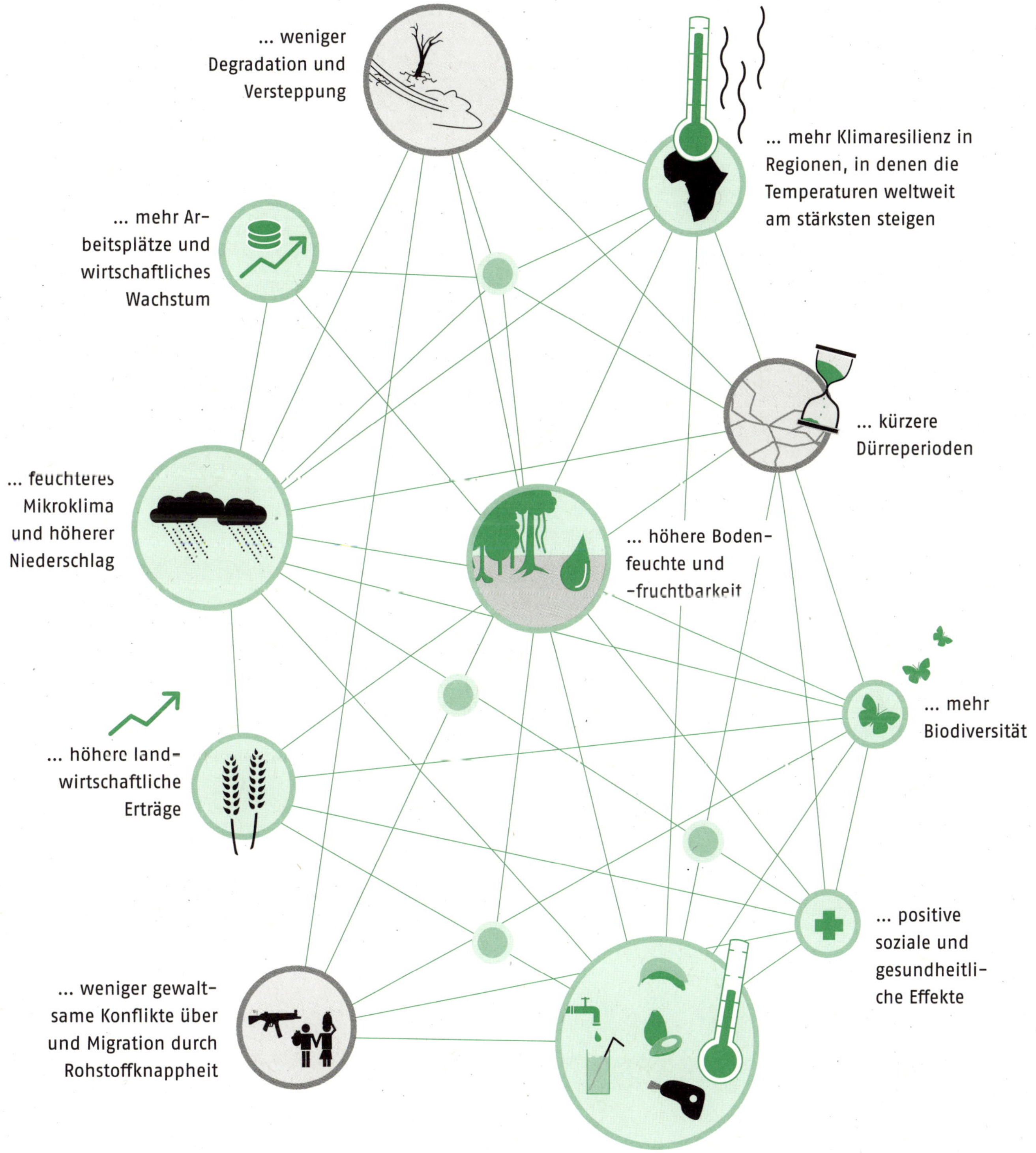

… höhere Ernährungs- & Trinkwassersicherheit, Klimaschutz sowie weniger Armut

Quellen: GGW (2020), UNCCD (2020)

Waldfreundlicher konsumieren

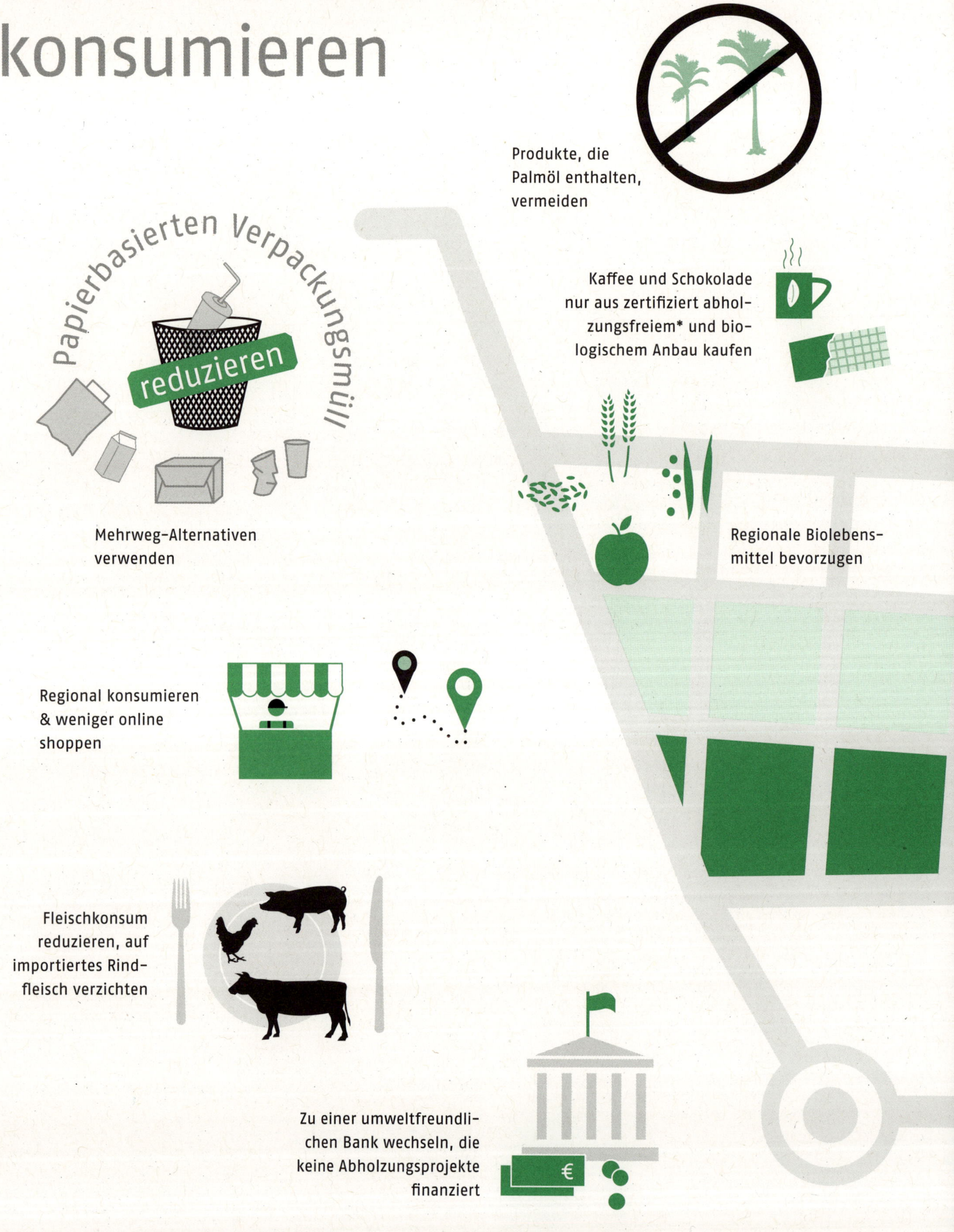

Heimische Hölzer statt Tropenholz kaufen. Hier gibt's eine Liste mit Tipps, welche lokalen Hölzer tropische Arten ersetzen: www.regenwald-schuetzen.org

Beim Neukauf auf Langlebigkeit achten

Holzprodukte, wenn möglich, gebraucht kaufen

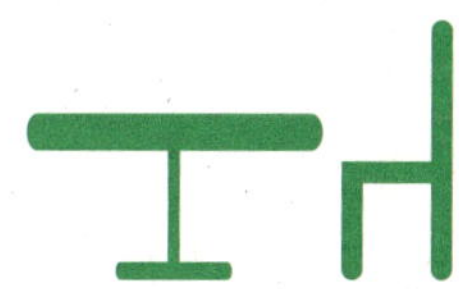

Konsum generell reduzieren und Produkte vermeiden, die nicht »abholzungsfrei«* sind

Möbel aus schnell nachwachsendem Bambus solchen aus Holz vorziehen

Zertifiziertes lokales Holz zum Bauen verwenden

*www.supply-change.org

Hauptsächlich Recyclingpapier nutzen, z. B. zertifiziert mit »Blauer Engel« oder »FSC-Recycled«

Den kurzlebigen Papierverbrauch reduzieren, z. B. weniger ausdrucken und Onlinemedien nutzen

Papier- und Holzprodukte recyclen

Quellen: div. Quellen aus dem Waldbuch

Waldschutz ins Rampenlicht rücken

Die Möglichkeiten sind vielfältig, such dir eine aus!

Grün »googeln«

Auf www.ecosia.org wird für rund 45 Suchanfragen je 1 Baum gepflanzt. Seit 2009 wurden so weltweit schon über 100 Millionen Bäume durch das deutsche Start-up gepflanzt.

Crowdfunding

Beginne eine Crowdfunding-Kampagne oder nimm daran teil, z. B. für den Kauf eines Waldstücks, das sonst für eine neue Nutzungsart entwaldet würde.

Demonstrationen

Geh mal wieder auf eine Demo – mit einem kreativen, selbst gemachten Schild, ein paar Freunden oder deiner Familie.

Social Media

Biete dem Waldschutz (d)eine Plattform: Teile Onlinepetitionen, Waldschutz-News und mehr …

Bäume pflanzen

Ob im eigenen Garten, dem von Freunden, einem Grünstreifen oder bei einer Baumpflanzaktion – pflanz DEINEN ersten Baum, und mach ein Hobby draus! Eine Baumpflanz-NGO mit 5 Euro Spende zu unterstützen zählt auch!

(Online-)Petitionen

Die schnellste und bequemste Art und Weise, beim Waldschutz mitzuwirken, sind die vielen Onlinepetitionen. Politikern vorgelegt, haben sie weltweit schon viel erreicht!

Bäume besetzen

Du kannst klettern? Super! Hilf in deiner Region mit, einen Baum oder ein Waldstück vor dem Abholzen zu bewahren. Und vergiss nicht, der Presse und ein paar bekannten Instagrammern Bescheid zu geben!

Inspirierende Waldschützer

51 Mio.

Bäume wurden vom »Green Belt Movement«, gegründet 1977 von der kenianischen Friedensnobelpreisträgerin Wangari Maathai († 2011), bislang gepflanzt.

550 ha

Wald wurden auf der von Erosion schon zur Hälfte degradierten Insel Majuli seit 1979 durch den indischen Waldarbeiter und Naturschützer Jadav Payeng seit 40 Jahren gepflanzt. Der Wald beheimatet u. a. Bengal-Tiger, Asiatische Elefanten und Nashörner.

1000 Mrd.

Bäume will »Plant-for-the-Planet«, von dem Deutschen Felix Finkbeiner mit 9 Jahren gegründet, weltweit durch Spenden pflanzen. Zudem bilden sie Kinder als Klimabotschafter*innen aus.

Mit 108 Jahren

kümmert sich die Umweltschützerin Saalumarada Thimmakka aus Indien immer noch um den von ihr in den letzten 70 Jahren gepflanzten Banyan-Wald und setzt sich für den Klimaschutz ein.

2 Mio.

Bäume hat der Fotograf und Umweltaktivist Sebastião Salgado gemeinsam mit seiner Frau Lélia in 20 Jahren auf ihrem Grundstück im Amazonasgebiet in Brasilien gepflanzt. Wo sich einst 710 Hektar degradiertes, baumloses Land ausbreitete, gedeiht heute ein immer dichter werdender tropischer Regenwald.

1250 ha

Waldschutzgebiet aus degradierten Agrarflächen und einem kleinen Stück Primärwald hat die Stiftung »Maurice White Native Forest Trust« 1987 gekauft. Die Fläche wurde von dem Botaniker, Autor und Umweltschützer Hugh Wilson seitdem renaturiert und verwaltet. Heute ist es ein dicht gewachsener Wald mit intaktem Ökosystem, über 45 Wasserfällen und Wanderwegen.

810.000 ha

hat der Umweltaktivist und amerikanische Millionär Douglas Tompkins († 2015) in Patagonien gekauft, um sie unter Schutz zu stellen. Zuletzt wurde auf seinem Land der Pumalín-Nationalpark gegründet.

Quellen: MWNFT (2020), Mongabay (2018), GBM (2020), PFTP (2020)

Quellen

Seiten Quellenangaben

008 | 009 Food and Agriculture Organization of the United Nations (FAO) (2020): The State of the World's Forests 2020 – Forests, biodiversity and people. http://www.fao.org/documents/card/en/c/ca8642en (01.12.2020)

Watson, J. E. M. et al. (2018): The exceptional value of intact forest ecosystems. Nature Ecology & Evolution 2, 599–610 (2018). https://www.nature.com/articles/s41559-018-0490-x (01.12.2020)

012 | 013 Food and Agriculture Organization of the United Nations (FAO) (2020): Global Forest Resources Assessment 2020: Main report. Rom. https://doi.org/10.4060/ca9825en (01.12.2020)

Gauthier, S. et al. (2015): Boreal forest health and global change. Science, 349:819–822. doi:10.1126/science.aaa9092. https://science.sciencemag.org/content/349/6250/819 (01.12.2020)

Jenkins, M. & Schaap, B. (2018): Forest Ecosystem Services – Background Analytical Study 1. https://www.un.org/esa/forests/wp-content/uploads/2018/05/UNFF13_BkgdStudy_ForestsEcoServices.pdf (01.12.2020)

Martone, M. et al. (2017): The global forest/non-forest map from TanDEM-X interferometric SAR data. https://doi.org/10.1016/j.rse.2017.12.002 (01.12.2020)

Petersen, R. et al. (2016): Mapping Tree Plantations with Multispectral Imagery: Preliminary Results for Seven Tropical Countries. Washington, DC: World Resources Institute. http://www.wri.org/publication/mapping-treeplantations. (01.12.2020)

Tyrrell, M. L. (2012): Carbon dynamics in the temperate forest. In: Managing Forest Carbon in a Changing Climate, S. 77–107. Springer Science & Business Media. https://link.springer.com/chapter/10.1007/978-94-007-2232-3_5 (01.12.2020)

014 | 015 California Invasive Plant Council (CAL-IPC) (2019): IPCW Plant Report – Eucalyptus globulus. https://www.cal-ipc.org/resources/library/publications/ipcw/report48/ (01.12.2020)

Fenner, R. (2017): Die Fichte ist Baum des Jahres 2017. https://www.baum-des-jahres.de/arborix-junge-seite/fichte/ (01.12.2020)

Pawlik, L. et al. (2016): Roots, Rock, and Regolith: Biomechanical and Biochemical Weathering by Trees and its Impact on Hillslopes. https://www.researchgate.net/profile/ukasz_Pawlik/ (01.12.2020)

Rahul, J. et al. (2015): Adansonia digitata L. (Baobab): a review of traditional information and taxonomic description. Asian Pac J Trop Biomed 2015: 5(1): 79–84. https://www.sciencedirect.com/science/article/pii/S222116911530174X (01.12.2020)

016 | 017 Beldin, S. I. & Perakis, S. S. (2009): Unearthing the secrets of the forest: U.S. Geological Survey Fact Sheet 2009-3078, https://pubs.usgs.gov/fs/2009/3078/ (01.12.2020)

Campbell, N. A. et al. (2003): Biologie. Spektrum Akademischer Verlag, Heidelberg/Berlin/Oxford, hrsg. von Jürgen Markl.

Schutzgemeinschaft Deutscher Wald (SDW) (2019): Aufbau des Baumstammes. http://www.sdw-nrw.de/waldwissen/oekosystem-wald/stammaufbau/ (01.12.2020)

Klein, D. & Schulz, C. (2011): Kohlenstoffspeicherung von Bäumen. LWF-Merkblatt Nr. 27. http://www.lwf.bayern.de/service/publikationen/lwf_merkblatt/022680/index.php (01.12.2020)

Schulz, C. & Klein, D. (2011): Der kräftige Atem der Waldböden. LWF aktuell 82, S. 23–25. http://www.lwf.bayern.de/boden-klima/umweltmonitoring/014491/index.php (01.12.2020)

Leitgeb, E. (2015): Waldböden und deren nachhaltige Nutzung. BFW-Praxisinformation 39: 3-7 https://www.waldwissen.net/wald/boden/bfw_waldboden_nachhaltig/index_DE#2 (01.12.2020)

018 | 019 Debreczy, Z; Racz, I. (1998): El Arbol del Tule: The Ancient Giant of Oaxaca. http://arnoldia.arboretum.harvard.edu/pdf/articles/1997-57-4-el-arbol-del-tule-the-ancient-giant-of-oaxaca.pdf (01.12.2020)

Earle, C. J. (2017): The Gymnosperm Database. https://www.conifers.org/cu/Sequoia.php (01.12.2020)

U.S. Department of Agriculture (USDA) (2017): Methuselah, a Bristlecone Pine is Thought to be the Oldest Living Organism on Earth https://www.usda.gov/media/blog/2011/04/21/methuselah-bristlecone-pine-thought-be-oldest-living-organism-earth (01.12.2020)

U.S. Forest Service (USDA) (2017): How Aspens Grow. https://www.fs.fed.us/wildflowers/beauty/aspen/grow.shtml (01.12.2020)

Landmark Trees of India (LTI) (2020): The World's Largest Trees? A Catalogue of India's Giant Banyans. https://outreachecology.com/landmark/resources/the-largest-trees-in-the-world/ (01.12.2020)

020 | 021 Beiler, K. J. et al. (2010): Architecture of the wood-wide web: Rhizopogon spp. genets link multiple Douglas-fir cohorts. The New phytologist 185 2 (2010): 543-53. DOI:10.1111/j.1469-8137.2009.03069.x

Gorzelak et al. (2015): Inter-plant communication through mycorrhizal networks mediates complex adaptive behaviour in plant communities. Oxford University Press / Annals of Botany Company.

Steidinger, B. S. et al. (2019): Climatic controls of decomposition drive the global biogeography of forest-tree symbioses. Nature, 2019; 569 (7756): 404. DOI: 10.1038/s41586-019-1128-0.

022 | 023 Food and Agriculture Organization of the United Nations (FAO) (2018): The State of the World's Forests – Forest Pathways to Sustainable Development. http://www.fao.org/3/ca0188en/ca0188en.pdf (01.12.2020)

Markart, G.; Kohl, B. (2009): Wie viel Wasser speichert der Waldboden? Abflussverhalten und Erosion. BFW-Praxisinformation 19, 25-26. https://www.waldwissen.net/wald/schutzfunktion/wasser/bfw_wasserspeicher_boden/index_DE (01.12.2020)

United States Department of Agriculture (USDA) (2019): Forests and Carbon Storage. Climate Change Resource Center. http://www.fs.usda.gov/ccrc/topics/forests-carbon (01.12.2020)

Zimmermann, L. et al. (2008): Wasserverbrauch von Wäldern. https://www.lwf.bayern.de/mam/cms04/boden-klima/dateien/a66-wasserverbrauch-von-waeldern.pdf (01.12.2020)

024 | 025 Eulen- und Greifvögelstation Haringsee: https://www.eulen-greifvogelstation.at/wissen/wissenswertes-ueber-eulen-und-greifvoegel/ (01.12.2020)

Euronatur: Steckbrief Braunbär. https://www.euronatur.org/unsere-themen/artenschutz/braunbaer/steckbrief-baer/ (01.12.2020)

Froschnetz: https://www.froschnetz.ch (01.12.2020)

Jedrzejewski, W.; Jedrzejewski, B. (1992): Foraging and diet of the red fox Vulpes vulpes in relation to variable food resources in Biatowieza National Park, Poland. Ecography 15 (2), 212-220.

Luchsprojekt Bayern: Nahrung. http://www.luchsprojekt.de/06_lebensweise/nahrung.html (01.12.2020)

Schlangen in Deutschland: https://www.schlangen-in-deutschland.de (01.12.2020)

NABU: Der Buntspecht – Vogel des Jahres 1997. https://www.nabu.de/tiere-und-pflanzen/aktionen-und-projekte/vogel-des-jahres/1997-buntspecht/ (01.12.2020)

Neuschulz, E. L. et al. (2016): Pollination and seed dispersal are the most threatened processes of plant regeneration, Scientific Reports. http://www.nature.com/articles/srep29839 (01.12.2020)

Niethammer, J. & Krapp, F. (1986): Handbuch der Säugetiere Europas. Band 2/II Paarhufer – Artiodactyla. Aula Verlag Wiesbaden.

Wildtiermanagement Niedersachsen: https://www.wildtiermanagement.com/wildtiere/haarwild/baummarder/ (01.12.2020)

Wolfsinformationszentrum Schleswig-Holstein: https://www.wolfsinfozentrum.de/biologie-des-wolfes-1.html (01.12.2020)

026 Bundeswaldinventur (BWI) (2012): Dritte Bundeswaldinventur 2012. Thünen-Institut. https://bwi.info/start.aspx (01.01.2020)

Hobi, M. L. et al. (2014): Pattern and process in the largest primeval beech forest of Europe (Ukrainian Carpathians). https://doi.org/10.1111/jvs.12234 (01.12.2020)

Lachat, T. et al. (2019): Totholz im Wald – Entstehung, Bedeutung und Förderung. Eidg. Forschungsanstalt WSL, Schweiz. https://www.researchgate.net/publication/263426787_Totholz_im_Wald_Entstehung_Bedeutung_und_Forderung (01.12.2020)

Purahong, W. et al. (2018): Molecular evidence strongly supports deadwood-inhabiting fungi exhibiting unexpected tree species preferences in temperate forests. The ISME Journal volume 12, SEITEN 289–295 (2018). https://www.nature.com/articles/ismej2017177 (01.12.2020)

Weber, M. (1999): Kohlenstoffvorräte eines Nothofagus-Primärwaldes auf Feuerland. Forstw. Cbl. (1999) 118: 156. https://doi.org/10.1007/BF02768984 (01.12.2020)

027 Andela, N. et al. (2017): A human-driven decline in global burned area. Science 356, 1356–1362 (2017). https://science.sciencemag.org/content/356/6345/1356 (01.12.2020)

Food and Agriculture Organization of the United Nations (FAO) (2020): The State of the World's Forests 2020 – Forests, biodiversity and people. http://www.fao.org/documents/card/en/c/ca8642en (01.12.2020)

Hirschberger, P. et al (2017): FORESTS ABLAZE – Causes and effects of global forest fires. WWF-Studie. https://www.wwf.de/fileadmin/fm-wwf/Publikationen-PDF/WWF-Study-Forests-Ablaze.pdf (01.12.2020)

028 | 029 Food and Agriculture Organization of the United Nations (FAO) (2020): Global Forest Resources Assessment 2020: Main report. Rom. https://doi.org/10.4060/ca9825en (01.12.2020); (FAO) (2020): The State of the World's Forests 2020 – Forests, biodiversity and people. http://www.fao.org/documents/card/en/c/ca8642en (01.12.2020)

Global Forest Watch (2020): Interactive map. https://www.globalforestwatch.org/ (01.12.2020)

Mackey, B. et al.(2015) Policy options for the world's primary forests in multilateral environmental agreements. Conservation Letters, 8(2): 139–147. https://primaryforest.org/wp-content/uploads/2014/10/Mackey-et-al-2014-Policy-Options-for-Worlds-Primary-Forests.pdf (01.12.2020)

UNEP World Conservation Monitoring Centre (UNEP-WCMC) (2014): Generalised Original Forest Cover. https://www.unep-wcmc.org/resources-and-data/generalised-original-and-current-forest (01.12.2020)

Watson, J. E. M. et al. (2018): The exceptional value of intact forest ecosystems. Nature Ecology & Evolution volume 2, 599–610 (2018). https://www.nature.com/articles/s41559-018-0490-x (01.12.2020)

032 | 033 Intelligence Community Assessment (ICA) (2012): Global Water Security. https://www.dni.gov/files/documents/Special%20Report_ICA%20Global%20Water%20Security.pdf (01.12.2020)

Intergovernmental Science-Policy Platform on Biodiversity and Ecosystem Services (IPBES) (2018): Biodiversity and Nature's Contributions Continue Dangerous Decline, Scientists Warn. https://www.ipbes.net/news/media-release-updated-biodiversity-nature%E2%80%99s-contributions-continue-dangerous-decline-scientists (01.12.2020)

IPCC (2014): Synthesis Report, Fifth Assessment Report. https://www.ipcc.ch/report/ar5/syr/ (01.12.2020)

Kopp, R. E. et al. (2017): Evolving understanding of Antarctic Ice-Sheet physics and ambiguity in probabilistic sea-level projections. Earth's Future 5: 1217–1233. https://agupubs.onlinelibrary.wiley.com/doi/full/10.1002/2017EF000663 (01.12.2020)

Mouginot et al. (2019): Forty-six years of Greenland Ice Sheet mass balance from 1972 to 2018. PNAS 07.05.2019 116 (19) 9239–9244. https://doi.org/10.1073/pnas.1904242116 (01.12.2020)

United Nations (UN) (2018): The United Nations World Water Development Report 2018. Nature-based solutions for Water. http://www.unwater.org/world-water-development-report-2018-nature-based-solutions-for-water/ (01.12.2020)

The UN Refugee Agency (UNHCR) (2020): Figures at a Glance. https://www.unhcr.org/figures-at-a-glance.html (01.12.2020)

Watts, R. J. et al. (2011): Dam reoperation in an era of climate change. CSIRO Publishing. Marine and Freshwater Research, 2011, 62, 321–327. https://www.publish.csiro.au/MF/MF10047 (01.12.2020)

034 | 035 Artaxo, P. et al. (2018): Five Reasons The Earth's Climate Depends on Forests. https://www.climateandlandusealliance.org/scientists-statement/ (01.12.2020)

Centritto, M. et al. (2011): Above Ground Processes: Anticipating Climate Change Influences. https://www.researchgate.net/publication/226698604_Above_Ground_Processes_Anticipating_Climate_Change_Influences (04.02.2020)

Sanderson, M. et al. (2012): Relationships between forests and weather. EC Directorate General of the Environment. Met Office, Hadley Centre, UK. https://ec.europa.eu/environment/forests/pdf/EU_Forests_annex1.pdf (04.02.2020)

036 | 037 Betts, R. et al. (2008): Forests And Emissions: a Contribution to the Eliasch Review. Met Office Hadley Centre, UK. https://www.researchgate.net/publication/252653654_Forests_and_Emissions_A_Contribution_to_the_Eliasch_Review (01.12.2020)

Food and Agriculture Organization of the United Nations (FAO) (2018): The State of the World's Forests – Forest Pathways to Sustainable Development. http://www.fao.org/3/ca0188en/ca0188en.pdf (01.12.2020)

IPCC (2014): Synthesis Report, Fifth Assessment Report. https://www.ipcc.ch/report/ar5/syr/ (01.12.2020)

Max-Planck-Gesellschaft (MPG) (2010): Der Kohlenstoffkreislauf im Erdsystem. https://www.mpg.de/21324/Kohlenstoffkreislauf_im_Erdsystem (01.12.2020)

Gough, C. M. et al. (2008): Controls on Annual Forest Carbon Storage: Lessons from the Past and Predictions for the Future. Bioscience 58(7) 2008: https://academic.oup.com/bioscience/article/58/7/609/237048 (01.12.2020)

World Resources Institute (WRI) (2018): Global Forest Watch. https://www.globalforestwatch.org (01.12.2020)

038 | 039 Bauhus, J. et al. (2017): Beiträge der Forst- und Holzwirtschaft zum Klimaschutz. AFZ-DerWald 3, 10-14

Spellmann, H. (2019): Wald im Klimawandel. Wissenschaftlicher Beirat für Waldpolitik.

Bundesministerium für Ernährung und Landwirtschaft (BMEL) (2018): Erhöhung der stofflichen Nutzung von Holz in Gebäuden im Einklang mit der Rohstoffverfügbarkeit. Wissenschaftlicher Beirat für Waldpolitik. https://www.bmel.de/SharedDocs/Downloads/Ministerium/Beiraete/Waldpolitik/StellungnahmeWBW-stofflicheNutzungHolz.pdf?__blob=publicationFile (01.12.2020)

Weingarten, P. et al. (2016): Klimaschutz in der Land- und Forstwirtschaft sowie den nachgelagerten Bereichen Ernährung und Holzverwendung. Berichte über Landwirtschaft, Sonderheft 222, DOI: http://dx.doi.org/10.12767/buel.v222i1.149.g295 (01.12.2020)

040 | 041 Cuypers, D. et al. (2015): The impact of EU consumption on deforestation: Comprehensive analysis of the impact of EU consumption on deforestation. Europäische Union. doi: 10.2779/822269.

Henders, S. et al. (2015): Trading forests: land-use change and carbon emissions embodied in production and exports of forest-risk commodities. Environmental Research Letters, Volume 10, Number 12 https://iopscience.iop.org/article/10.1088/1748-9326/10/12/125012/meta (01.12.2020)

042 | 043 BOM (2019): Special Climate Statement 70 update—drought conditions in Australia and impact on water resources in the Murray-Darling Basin. 29 November 2019. http://www.bom.gov.au/climate/current/statements/scs70.pdf (01.12.2020)

Fei, S. et al. (2017): Divergence of species responses to climate change. Science Advances, Vol. 3, no. 5, e1603055, DOI: 10.1126/sciadv.1603055. https://advances.sciencemag.org/content/3/5/e1603055/tab-pdf (01.12.2020)

Forsyth, G. G. et al. (2004): A rapid assessment of the invasive status of Eucalyptus species in two South African provinces https://journals.co.za/docserver/fulltext/sajsci/100/1-2/sajsci_v100_n1_a17.pdf?expires=1580861669&id=id&accname=guest&checksum=F2BA9290AB3B8F67339700CC6F8BC3AA (01.12.2020)

Kolb, P. (2019): Tree-Climate Interactions. United States Department of Agriculture. https://climate-woodlands.extension.org/tree-climate-interactions/ (01.12.2020)

Malhi, Y., Phillips, O. (2005): Tropical Forests and Global Atmospheric Change. https://www.oxfordscholarship.com/view/10.1093/acprof:oso/9780198567066.001.0001/acprof-9780198567066-chapter-7 (01.12.2020)

Nature Climate Change (NCC) (2020): In the line of fire. Editorial. Nat. Clim. Chang. 10, 169 (2020). https://doi.org/10.1038/s41558-020-0720-5 (01.12.2020)

Vose, J. M. et al. (2015): Effects of Drought on Forests and Rangelands in the United States: A Comprehensive Science Synthesis. Forest Service Gen. Tech. Report. https://www.fs.usda.gov/sites/default/files/GTR-WO-93a.pdf (01.12.2020)

044 | 045 Bozzano, M. et al. (2014): The State of the World's Forest Genetic Ressources Thematic Study. FAO, Biodiversity International. http://www.fao.org/3/a-i3825e.pdf (01.12.2020)

Campos-Filho, E. M. et al. (2013): Mechanized Direct-Seeding of Native Forests in Xingu, Central Brazil. Journal of Sustainable Forestry 327(7):702-727, https://www.researchgate.net/publication/260630753_Mechanized_Direct-Seeding_of_Native_Forests_in_Xingu_Central_Brazil (01.12.2020)

Rinaudo, T. (2014): Farmer Managed Natural Regeneration. https://fmnrhub.com.au/ (01.12.2020)

Hunt, J. (2002): Seedling Survival in the Coast-Interior Transition. Squamish Forest District. Extension Note 3. https://www.for.gov.bc.ca/dsq/Silviculture/Seedling%20survival%20(Extension%20note%20003).pdf (01.12.2020)

046 | 047 Bundesministerium für Ernährung und Landwirtschaft (BMEL) (2018): Der Wald in Deutschland. Ausgewählte Ergebnisse der dritten Bundeswaldinventur. https://www.bmel.de/SharedDocs/Downloads/Broschueren/Bundeswaldinventur3.pdf?__blob=publicationFile (01.12.2020)

Dännart, K., Chtioui, Y. (2016): Waldbrandgefahr in Zeiten des Klimawandels. https://www.waldwissen.net/dossiers/bfw_dossier_klimawandel/index_DE (01.12.2020)

George, J. et al. (2018): Eignung von Abies alba im Klimawandel. 6/2018: 12-14. Bundesforschungszentrum für Wald, Wien. https://www.waldwissen.net/de/waldwirtschaft/waldbau/waldgenetik/eignung-der-weisstanne-im-klimawandel (01.12.2020)

IPCC (2014): Synthesis Report, Fifth Assessment Report. https://www.ipcc.ch/report/ar5/syr/ (01.12.2020)

Liu, C. L. C. et al. (2018): Mixed-species versus monocultures in plantation forestry: Development, benefits, ecosystem services and perspectives for the future. http://resolver.sub.uni-goettingen.de/purl?gs-1/15327 (01.12.2020)

Roloff, A. (2008): Klimawandel und Baumarten-Verwendung für Waldökosysteme. Stiftung Wald in Not. http://www.waldundklima.de/klima/klima_docs/swin_roloff_klam_2008.pdf (01.12.2020)

Spittlehouse, D. L., Stewart, R. B. (2003): Adaptation to climate change in forest management. BC Journal of Ecosystems and Management. Volume 4, Number 1, 2003. http://www.forrex.org/jem/2003/vol4/no1/art1.pdf (01.12.2020)

050 | 051 Reid, W. V. et al. (2005): Ecosystems and Human well-being. Synthesis. Millennium Ecosystem Assessment-Report. https://www.millenniumassessment.org/documents/document.356.aspx.pdf (01.12.2020)

052 Bundesministerium für Ernährung und Landwirtschaft (BMEL) (2018): Der Wald in Deutschland. Ausgewählte Ergebnisse der dritten Bundeswaldinventur. https://www.bmel.de/SharedDocs/Downloads/Broschueren/Bundeswaldinventur3.pdf?__blob=publicationFile (01.12.2020)

Becher, G. (2016): Clusterstatistik Forst und Holz. Tabellen für das Bundesgebiet und die Länder 2000 bis 2014. Thünen Working Paper 67. Thünen-Institut für Internationale Waldwirtschaft und Forstökonomie

053 Food and Agriculture Organization of the United Nations (FAO) (2019): Global Forest Products Facts and Figures 2018. http://www.fao.org/3/ca7415en/ca7415en.pdf (01.12.2020)

FAO (2020): Forestry Production and Trade. http://www.fao.org/faostat/en/#data/FO (01.12.2020)

Hetemäki et al. (2016): Forest Products Markets under Change: Review and Research Implications. https://link.springer.com/article/10.1007/s40725-016-0042-z (01.12.2020)

UNECE (2019): http://www.unece.org/fileadmin/DAM/timber/publications/SP48.pdf (01.12.2020)

054 | 055 Food and Agriculture Organization of the United Nations (FAO) (2018): The State of the World's Forests – Forest Pathways to Sustainable Development. http://www.fao.org/3/ca0188en/ca0188en.pdf (01.12.2020)

FAO (2020): Forestry Production and Trade. http://www.fao.org/faostat/en/#data/FO (01.12.2020)

Goncalves, A. C. et al. (2018): Solid Biomass from Forest Trees to Energy: A Review. Intech Open. https://www.intechopen.com/books/renewable-resources-and-biorefineries/solid-biomass-from-forest-trees-to-energy-a-review (01.12.2020)

Sterman, J. D. et al. (2018): Does replacing coal with wood lower CO_2 emissions? Dynamic lifecycle analysis of wood bioenergy Environ. Res. Lett. 13 015007 https://iopscience.iop.org/article/10.1088/1748-9326/aaa512/pdf (01.12.2020)

U.S. International Trade Commission (USITC) (2018): International Trade in Wood Pellets: Current Trends and Future Prospects. https://www.usitc.gov/publications/332/executive_briefings/wood_pellets_ebot_final.pdf (01.12.2020)

World Bioenergy Association (WBA) (2017): Global Bioenergy Statistics 2017. https://worldbioenergy.org/uploads/WBA%20GBS%202017_hq.pdf (01.12.2020)

056 | 057 Ammer, C. et al. (2010): Der Wald-Wild-Konflikt. Göttinger Forstwissenschaften Band 5, Universitätsverlag Göttingen. https://www.univerlag.uni-goettingen.de%2Fbitstream%2F3%2Fisbn-978-3-941875-84-5%2F1%2FGoeForst5_Ammer.pdf&usg=AOvVawovmxvnGz3t9rmoERIBhYjD (01.12.2020)

Bundesministerium für Ernährung und Landwirtschaft (BMEL) (2012): Dritte Bundeswaldinventur 2012. https://www.bundeswaldinventur.de (01.12.2020)

Deutscher Jagdverband (DJV) (2020): Jagdstatistik für einzelne Wildarten. https://www.jagdverband.de/zahlen-fakten/jagd-und-wildunfallstatistik/jagdstatistik-fuer-einzelne-wildarten (01.12.2020)

Deutsche Wldtier Stiftung (DWS) (2019): Reh. Anpassungsfähiger Kräuterprofi. https://www.deutschewildtierstiftung.de/wildtiere/reh (01.12.2020)

Gehle (2006): Wieviel Rehe leben in NRW? Forschungsstelle für Jagdkunde und Wildschadenverhütung, Bonn (01.12.2020)

058 | 059 Allkin, B. (2018): Useful Plants – Medicines. At Least 28,187 Plant Species are Currently Recorded as Being of Medicinal Use Willis KJ, editor. State of the World's Plants 2017. London (UK): Royal Botanic Gardens, Kew; 2017. https://stateoftheworldsplants.com/2017/useful-plants.html (01.12.2020)

Calixto, J. B. (2019): The role of natural products in modern drug discovery. An. Acad. Bras. Ciênc. vol. 91 supl. 3 Rio de Janeiro, 2019. Epub June 03, 201. http://orcid.org/0000-0003-4041-7153 (01.12.2020)

International Society of Nature and Forest Medicine (INFOM) (2020): Forest Medicine Base in Japan. https://www.infom.org/forest-medicinebase/japan/# (01.12.2020)

Li, Q. et al. (2007): Forest bathing enhances human natural killer activity and expression of anti-cancer proteins. https://pubmed.ncbi.nlm.nih.gov/17903349/ (01.12.2020)

Li, Q. et al. (2011): Acute effects of walking in forest environments on cardiovascular and metabolic parameters. https://pubmed.ncbi.nlm.nih.gov/21431424/ (01.12.2020)

Miyazaki, Y. (2014): Forest medicine research in Japan. Nihon Eiseigaku Zasshi. 2014;69(2):122-35. https://pubmed.ncbi.nlm.nih.gov/24858508/ (01.12.2020)

Morita, E. et al. (2011): A before and after comparison of the effects of forest walking on the sleep of a community-based sample of people with sleep complaints. https://www.ncbi.nlm.nih.gov/pmc/articles/PMC3216244/ (01.12.2020)

Newman, D. J., Cragg, G. M. (2016): Natural Products as Sources of New Drugs from 1981 to 2014. J. Nat. Prod. 2016, 79, 3, 629-661, February 7, 2016. https://doi.org/10.1021/acs.jnatprod.5b01055 (01.12.2020)

Park, B. J. et al. (2007): Physiological effects of Shinrin-yoku (taking in the atmosphere of the forest) – using salivary cortisol and cerebral activity as indicators. Physiol Anthropol. 2007 Mar;26(2):123-8. https://www.ncbi.nlm.nih.gov/pubmed/17435354# (01.12.2020)

Rodríguez, C. et al. (2016): Toxins and pharmacologically active compounds from species of the family Bufonidae (Amphibia, Anura). Journal of Ethnopharmacology. doi:10.1016/j.jep.2016.12.021 (01.12.2020)

060 | 061 Buckley, R. et al. (2019): Economic value of protected areas via visitor mental health. Nature Communications (2019). https://doi.org/10.1038/s41467-019-12631-6 (01.12.2020)

European Environment Agency (EEA) (2012): World Database on Protected Areas. http://www.wdpa.org/ (01.12.2020)

Food and Agriculture Organization of the United Nations (FAO) (2020): The State of the World's Forests 2020 – Forests, biodiversity and people. http://www.fao.org/documents/card/en/c/ca8642en (01.12.2020)

Schmitt, C. B. et al. (2008): Global Ecological Forest Classification and Forest Protected Area Gap Analysis. Analyses and recommendations in view of the 10% target for forest protection under the Convention on Biological Diversity (CBD). https://ia800306.us.archive.org/33/items/globalecological08schm/globalecological08schm.pdf (01.12.2020)

UNEP-WCMC, IUCN & NGS (2020): Protected Planet Live Report 2020. Cambridge UK; Gland, Switzerland; and Washington, D.C., USA. https://livereport.protectedplanet.net (01.12.2020)

U.S. National Park Service (NPS) (2020): Visitation Numbers. https://www.nps.gov/aboutus/visitation-numbers.htm (01.12.2020)

NPS (2017): National Park Visitor Spending Effects. Economic Contributions to Local Communities, States and the Nation. https://www.nps.gov/nature/customcf/NPS_Data_Visualization/docs/NPS_2017_Visitor_Spending_Effects.pdf (01.12.2020)

062 | 063 Livesley, S. J. et al. (2016): The Urban Forest and Ecosystem Services: Impacts on Urban Water, Heat, and Pollution Cycles at the Tree, Street, and City Scale. J. Environ. Qual. 45:119–124 (2016). doi:10.2134/jeq2015.11.0567

Marx, A. (Hrsg.): Klimaanpassung in Forschung und Politik. Helmholtz-Zentrum für Umweltforschung GmbH, UFZ Leipzig. Springer Spektrum, Wiesbaden

Moser, A. et al. (2017): Stadtbäume. Wachstum, Funktionen und Leistungen. Risiken und Forschungsperspektiven. Allg. Forst- und Jagdzeitung, Jg. 5/6, S. 188ff. http://waldwachstum.wzw.tum.de/fileadmin/publications/Moser_2018.pdf (01.12.2020)

Rahman, M. A. et al. (2018): Vertical air temperature gradients under the shade of two contrasting urban tree species during different types of summer days. Science of The Total Environment 633. DOI: 10.1016/j.scitotenv.2018.03.168.

Roloff, A. (2013): Bäume in der Stadt. Besonderheiten – Funktion – Nutzen – Arten – Risiken. Ulmer, Stuttgart

064 | 065 Andersson, K. et al. (2016): More Trees, More Poverty? The Socioeconomic Effects of Tree Plantations in Chile, 2001–2011. Environmental Management (2016) 57:123–136. DOI 10.1007/s00267-015-0594-x (01.12.2020)

Belcher, B. M. (2005): Forest Product Markets, Forests and Poverty Reduction. Center for International Forestry Research (CIFOR). International Forestry Review 7(2): 82-89. https://www.cifor.org/library/1782/ (01.12.2020)

Bundeszentrale für politische Bildung (bpb) (2018): Der Teufelskreis der Armut. https://www.aktion-deutschland-hilft.de/de/fachthemen/armut/der-teufelskreis-der-armut/ (01.12.2020)

Center for International Forestry Research (CIFOR) (2020): Who collects forest products, and why? CIFOR PEN Projekt. http://www.cifor.org/pen (01.12.2020)

FAO (2020): The State of the World's Forests 2020 – Forests, biodiversity and people. http://www.fao.org/documents/card/en/c/ca8642en (01.12.2020)

McConnell, R. (2008): Links between National Forest Programmes and Poverty Reduction Strategies. Forestry Policy and Institutions Working Paper 22. Food and Agriculture Organization of the United Nations, Rom, 2008. http://www.fao.org/3/k3730e/k3730e.pdf (01.12.2020)

World Food Programme (WFP) (2018): Hunger Map 2018. https://www.wfp.org/publications/2018-hunger-map (01.12.2020)

066 | 067 Chao, S. (2012): Forest Peoples: Numbers across the world. Forest Peoples Programme, UK.http://www.forestpeoples.org/sites/fpp/files/publication/2012/05/forest-peoples-numbers-across-world-final_0.pdf (01.12.2020)

Food and Agriculture Organization of the United Nations (FAO) (1997): Asia-Pacific Forestry Sector Outlook Study: People and Forests in Asia and the Pacific: Situation and Prospects. Numbers of forest »dependent« peoples and types of people forest relationships. http://www.fao.org/3/w7732e/w7732e04.htm (01.12.2020)

Survival International (2020): https://www.survivalinternational.de (01.12.2020)

068 | 069 Asselin, H. (2015): Indigenous forest knowledge, S. 586–596, in: K. Peh, R. Corlett & Y. Bergeron (Hrsg.), Routledge Handbook of Forest Ecology. New York: Earthscan, Routledge.

Fisher, J. R. et al. (1997): Asia-Pacific Forestry Sector Outlook Study: People and Forests in Asia and the Pacific: Situation and Prospects. http://www.fao.org/3/w7732e/w7732e04.htm (01.12.2020)

Parrotta, J. A. (2012): Traditional Knowledge Contributes to Sustaining Forests and Biocultural Diversity, Bois et forêts des tropiques, 2012, Nr. 312 (2). https://www.fs.usda.gov/treesearch/pubs/47820 (01.12.2020)

Peters, C. M. (2018): Lessons Learned from Centuries of Indigenous Forest Management, Interview von R. Schiffman, Yale-Universität. https://e360.yale.edu/features/lessons-learned-from-centuries-of-indigenous-forest-management (01.12.2020)

Rainforest Alliance (RA) (2019): The world best forest guardians: Indigenous Peoples. Onlineartikel vom 11. Oktober 2019. https://www.rainforest-alliance.org/articles/indigenous-peoples-the-best-forest-guardians (01.12.2020)

072 | 073 Annunzio, R. et al. (2015): Projecting global forest area towards 2030. Forest Ecology and Management 352 (2015) 124–133. https://www.sciencedirect.com/science/article/pii/S0378112715001346 (01.12.2020)

Center for International Forestry Research (CIFOR) (2009): Reducing Emissions from Deforestation and Forest Degradation (REDD and REDD+). http://www.cifor.org/fctoolbox/download/topic-5-section-g.pdf (01.12.2020)

Taylor, R. et al. (2015): Living Forests Report: Chapter 5 – Saving Forests at Risk. World Wildlife Fund (WWF) und International Institute for Applied Systems Analysis (IIASA). https://www.worldwildlife.org/publications/living-forests-report-chapter-5-saving-forests-at-risk (01.12.2020)

Harris, N. et al. (2020): Agriculture drove recent record-breaking tree cover loss. Global Forest Watch blog. https://blog.globalforestwatch.org/data-and-research/agriculture-drove-recent-record-breaking-tree-cover-loss (01.12.2020)

074 | 075 Food and Agriculture Organization of the United Nations (FAO) (2012): State of the World's Forests. http://www.fao.org/3/a-i3010e.pdf (01.12.2020)

FAO (2020): The State of the World's Forests 2020 – Forests, biodiversity and people. http://www.fao.org/documents/card/en/c/ca8642en (01.12.2020)

Kaplan, J. O. et al. (2009): The prehistoric and preindustrial deforestation of Europe. Quaternary Science Reviews 28 (2009) 3016–3034. https://www.sciencedirect.com/science/article/abs/pii/S027737910900331X (01.12.2020)

Hansen, M. C. et al. (2019): Global Forest Change. http://earthenginepartners.appspot.com/science-2013-global-forest (01.12.2020)

Harris, N. et al. (2020): Agriculture drove recent record-breaking tree cover loss. Global Forest Watch blog. https://blog.globalforestwatch.org/data-and-research/agriculture-drove-recent-record-breaking-tree-cover-loss (01.12.2020)

UN (2020): Population. https://www.un.org/en/sections/issues-depth/population/index.html (01.12.2020)

076 | 077 Bebbington, A. J. et al. (2018): Resource extraction and infrastructure threaten forest cover and community rights. https://www.pnas.org/content/115/52/13164 (01.12.2020)

Yale School of Forestry and Environmental Studies (2020): Global Forest Atlas. Roads & Forests. https://globalforestatlas.yale.edu (01.12.2020)

078 | 079 Bundesminsterium für Umwelt (BMU) (2019): Bonn Challenge. https://www.bmu.de/themen/natur-biologische-vielfalt-arten/naturschutz-biologische-vielfalt/waelder/bonn-challenge/ (01.12.2020)

FAO (2020): The State of the World's Forests 2020 – Forests, biodiversity and people. http://www.fao.org/documents/card/en/c/ca8642en (01.12.2020)

Harris, N. et al. (2020): Agriculture drove recent record-breaking tree cover loss. Global Forest Watch blog. https://blog.globalforestwatch.org/data-and-research/agriculture-drove-recent-record-breaking-tree-cover-loss (01.12.2020)

International Union for Conservation of Nature (IUCN) (2017): Deforestation and Forest Degradation. Issues Brief, November 2017. https://www.iucn.org/resources/issues-briefs/deforestation-and-forest-degradation (01.12.2020)

IUCN (2020): Restore our future. Bonn Challenge. Impact and potential of forest landscape restoration. https://www.bonnchallenge.org/sites/default/files/resources/files/%5Bnode%3Anid%5D/Bonn%20Challenge%20Report.pdf (01.12.2020)

Watson, J. E. M. et al. (2018): The exceptional value of intact forest ecosystems. Nature Ecology & Evolution volume 2, 599–610 (2018). https://www.nature.com/articles/s41559-018-0490-x (01.12.2020)

080 | 081 Hawighorst, P. (2015): Analyse des Palmölsektors in Deutschland. Meo Carbon Solutions. https://www.forumpalmoel.org/imglib/downloads/Der%20Palmölmarkt%20in%20Deutschland%202013%20-%20Endbericht.pdf (01.12.2020)

Hooijer, A. et al. (2010): Current and future CO_2 emissions from drained peatlands in Southeast Asia. https://helda.helsinki.fi/bitstream/handle/10138/29039/bg_7_1505_2010.pdf?sequence=2 (01.12.2020)

Page, S. E., Rieley, J. O., Banks, C. J. (2011). Global and regional importance of the tropical peatland carbon pool. Global Change Biology, 17(2), 798-818. https://doi.org/10.1111/j.1365-2486.2010.02279.x (01.12.2020)

Noleppa, S., Cartsburg, M. (2016): Palm Oil Report Germany. Searching for Alternatives. WWF Deutschland. https://mobil.wwf.de/fileadmin/fm-wwf/Publikationen-PDF/WWF_Report_Palm_Oil_-_Searching_for_Alternatives.pdf (01.12.2020)

082 | 083 Austin, K. G. et al. (2019): What causes deforestation in Indonesia? Environmental Research Letters, 2019; 14 (2): 024007 DOI: 10.1088/1748-9326/aaf6db (01.12.2020)

Estoque, R. C. et al. (2019): The future of Southeast Asia's forests. Nat Commun. 2019; 10: 1829. 2019 Apr 23. doi: 10.1038/s41467-019-09646-4. https://www.ncbi.nlm.nih.gov/pmc/articles/PMC6478739/ (01.12.2020)

Global Forest Watch (GFW) (2020): Tree Cover Loss In Indonesia 2001-2019. https://www.globalforestwatch.org/dashboards/country/IDN (01.12.2020)

Internationel Union for Conservation of Nature (IUCN) (2019): IUCN calls for a moratorium on projects impacting the Critically Endangered Tapanuli orangutan. https://www.iucn.org/news/secretariat/201904/iucn-calls-a-moratorium-projects-impacting-critically-endangered-tapanuli-orangutan (01.12.2020)

IUCN (2020): The IUCN Red list of threatened Species. https://www.iucnredlist.org (01.12.2020)

Jong, H. N. (2019): Indonesia to get first payment from Norway under $1b REDD+ scheme. https://news.mongabay.com/2019/02/indonesia-to-get-first-payment-from-norway-under-1b-redd-scheme/ (01.12.2020)

Margono, B. A. et al. (2014): Primary forest cover loss in Indonesia over 2000–2012. nature climate change. DOI: 10.1038/NCLIMATE2277

Subramanian, S. M. et al. (2011): Unraveling the drivers of Southeast Asia's biodiversity loss. Our World, United Nations University. https://ourworld.unu.edu/en/unraveling-the-drivers-of-southeast-asia's-biodiversity-loss (01.12.2020)

084 | 085 Branford, S.; Torres, M. (2019): As 2019 Amazon fires die down, Brazilian deforestation roars ahead. Mongabay. https://news.mongabay.com/2019/10/as-2019-amazon-fires-die-down-brazilian-deforestation-roars-ahead (01.12.2020)

Hubbs, T., Irwin, S., Good, D. (2017): Assessing Brazilian Soybean Yield Risks: Historical Deviations from Trend. Department of Agricultural and Consumer Economics, University of Illinois. farmdoc daily (7):5. https://farmdocdaily.illinois.edu/2017/01/assessing-brazilian-soybean-yield-risks.html (01.12.2020)

Instituto Nacional de Pesquisas Espaciais (INPE) (2019): http://www.inpe.br/noticias/noticia.php?Cod_Noticia=5294 (01.12.2020)

Mapbiomas (2020): https://mapbiomas.org/en (01.12.2020)

United States Department of Agriculture (USDA) (2019): Brazil Once Again Becomes the World's Largest Beef Exporter. https://www.ers.usda.gov/amber-waves/2019/july/brazil-once-again-becomes-the-world-s-largest-beef-exporter/ (01.12.2020)

USDA (2020): Brazil Soybeans: Record Output Expected Despite Severe Drought in Rio Grande do Sul. https://ipad.fas.usda.gov/cropexplorer/pecad_stories.aspx?regionid=br&ftype=prodbriefs (01.12.2020)

Yale School of Forestry and Environmental Studies (2020): Global Forest Atlas. Cattle Ranching in the Amazon Region. https://globalforestatlas.yale.edu/amazon/land-use/cattle-ranching (01.12.2020)

086 | 087 Internationel Union for Conservation of Nature (IUCN) (2020): The IUCN Red list of threatened Species. https://www.iucnredlist.org (01.12.2020)

Alroy, J. (2017): Effects of habitat disturbance on tropical forest biodiversity. 6056–6061 PNAS, 06.06.2017, vol. 114, no. 23. https://www.pnas.org/content/pnas/114/23/6056.full.pdf (01.12.2020)

088 | 089 Branch, G. (2018): Living Shores – Interacting with Southern Africa's marine ecosystems. Penguin Random House South Africa.

Calloway, M. (2018): Puget Sound Kelp – Trends, Roles and Stressors. Puget Sound Kelp Conservation & Recovery Plan. https://www.nwstraits.org/media/2802/calloway_kelproletrends6-13-19.pdf (01.12.2020)

Christie, H. et al. (2003): Species distribution and habitat exploitation of fauna associated with kelp (Laminaria hyperborea) along the Norwegian coast. J. Mar. Biol. Ass. U.K. (2003), 83, 4181/1/13

Estes, J. A. et al. (1998): Killer whale predation on sea otters linking oceanic and nearshore ecosystems. Science 282(5388):473-6 DOI: 10.1126/science.282.5388.473

Filbee-Dexter, K.; Wernberg, T. (2018): Rise of Turfs: A New Battlefront for Globally Declining Kelp Forests. https://academic.oup.com/bioscience/article/68/2/64/4797262 (01.12.2020)

Grebe, G. et al. (2019): An ecosystem approach to kelp aquaculture in the Americas and Europe. https://doi.org/10.1016/j.aqrep.2019.100215 (01.12.2020)

Krause Jensen, D.; Duarte, S. M. (2016): Substantial role of macroalgae in marine carbon sequestration. nature geoscience 9, Seiten 737–742 (2016). https://www.nature.com/articles/ngeo2790 (01.12.2020)

National Oceanic and Atmospheric Administration (NOAA) (2020): Kelp Forests - a Description. Office of National Marine Sanctuaries. https://sanctuaries.noaa.gov/visit/ecosystems/kelpdesc.html (01.12.2020)

Schiel, D. R.; Foster, M. S. (2016): The Biology and Ecology of Giant Kelp Forests. University of California Press

Wernberg, T. et al. (2019): Status and Trends for the World's Kelp Forests. World Seas: an Environmental Evaluation, Volume III: Ecological Issues and Environmental Impacts 2019. https://doi.org/10.1016/B978-0-12-805052-1.00003-6 (01.12.2020)

094 | 095 Huang, Q. et al. (2020): Giant Panda National Park, a step towards streamlining protected areas and cohesive conservation management in China. Global Ecology and Conservation Volume 22. https://doi.org/10.1016/j.gecco.2020.e00947 (01.12.2020)

Nationalparks (NPs): Åsnen-Nationalpark: http://www.nationalparksofsweden.se/choose-park---list/asnen-national-park/, Hossa-Nationalpark: https://www.nationalparks.fi/hossa, Kalahari-Nationalpark: https://kalaharinationalpark.com, Pumalin-Park: http://www.parquepumalin.cl/en/#, Wood Buffalo Nationalpark: https://www.pc.gc.ca/en/pn-np/nt/woodbuffalo, Wrangell-St. Elias-Nationalpark: https://www.nps.gov/wrst/index.htm (alle: (01.12.2020))

UNESCO (2020): World Heritage List. https://whc.unesco.org/en/list/ (01.12.2020)

World National Parks WNP (2020): https://worldnationalparks.com (01.12.2020)

096 | 097 Carbon Brief (CB) (2018): Global planted Forests 1990–2015. https://www.carbonbrief.org/mapped-where-afforestation-is-taking-place-around-the-world (01.12.2020)

Society for Ecological Restoration (SER) (2020): What is Ecological Restoration? Project database. https://www.ser-rrc.org/project-database/project-map/ (01.12.2020)

Zastrow, M. (2019): China's tree-planting drive could falter in a warming world. nature, news vom 23.09.2019. https://www.nature.com/articles/d41586-019-02789-w (01.12.2020)

098 | 099 Blumroeder, J. S. et al. (2019): Ecological effects of clearcutting practices in a boreal forest (Arkhangelsk Region, Russian Federation) both with and without FSC certification, Ecological Indicators Vol. 106, November 2019. https://www.sciencedirect.com/science/article/abs/pii/S1470160X19304467 (01.12.2020)

Borchert, H. et al. (2008): Wurzelverletzungen unter Raube und Rad. LWF Aktuell 67/2008. https://www.lwf.bayern.de/mam/cms04/wissenstransfer/dateien/a67_wurzelverletzungen_unter_rad_und_raupe.pdf (01.12.2020)

Forest Europe (FE) (2016): Sustainable Forest Management Implementation. https://foresteurope.org/sustainable-forest-management-implementation/ (01.12.2020)

Forest Stewardship Council Deutschland (FSC) (2020): Die Regeln für den Wald. 10 Grundsätze – weltweit. https://www.fsc-deutschland.de/de-de/der-fscr/prinzipien (01.12.2020)

Gatti, R. C. et al. (2015): The impact of selective logging and clearcutting on forest structure, tree diversity and above-ground biomass of African tropical forests. Ecological Research volume 30, S. 119–132. https://link.springer.com/article/10.1007%2Fs11284-014-1217-3 (01.12.2020)

Smith, S. S. et al. (2002): Sustainable Forestry. Penn State School of Forest Resources. http://www.extension.psu.edu (01.12.2020)

100 | 101 Donofrio, S. et al. (2017): Supply Change Tracking Corporate Commitments to Deforestation-Free Supply Chains. https://www.forest-trends.org/publications/supply-change-tracking-corporate-commitments-to-deforestation-free-supply-chains-2017 (01.12.2020)

Hurowitz, G. et al. (2020): The Companies Behind the Burning of the Amazon. Mighty Earth. https://www.mightyearth.org/the-companies-behind-the-burning-of-the-amazon/ (01.12.2020)

102 | 103 Cheung, L. et al. (2015): Perimeter Defense: 4 Technologies for Detecting and Preventing Illegal Logging. World Resources Institute. https://www.wri.org/blog/2015/11/perimeter-defense-4-technologies-detecting-and-preventing-illegal-logging (01.12.2020)

Glover, A. (2020): Why Tackling Illegal Logging is Important. Chatham House. Forest Governance and Legality. https://forestgovernance.chathamhouse.org/publications/why-tackling-illegal-logging-is-important (01.12.2020)

Lawson, S. et al. (2014): Consumer Goods and Deforestation: An Analysis of the Extent and Nature of Illegality in Forest Conversion for Agriculture and Timber Plantations. https://www.forest-trends.org/publications/consumer-goods-and-deforestation/ (01.12.2020)

Interpol (2019): Global Forestry Enforcement. Strengthening Law Enforcement Cooperation Against Forestry Crime. https://www.interpol.int/Crimes/Environmental-crime/Forestry-crime (01.12.2020)

Rainforest Connection (RFCX) (2020): Bio-Acoustic Monitoring. https://rfcx.org/our_work#monitoring (01.12.2020)

Yale School of Forestry and Environmental Studies (2020): Global Forest Atlas. Illegal Logging. https://globalforestatlas.yale.edu/forest-use-logging/logging/illegal-logging (01.12.2020)

104 | 105 Franklin, J. F. (2018): Ecological Forest Management. Waveland Press, Inc.

Food and Agriculture Organization of the United Nations (FAO) (2019): Agroforestry. http://www.fao.org/forestry/agroforestry/en/ (01.12.2020)

Deutscher Fachverband für Agroforstwirtschaft (DeFAF) (2020): Arten von Agroforstsystemen. https://agroforst-info.de/arten (01.12.2020)

106 | 107 Great Green Wall (GGW) (2020): https://www.greatgreenwall.org (01.12.2020)

UNCCD (2020): The Great Green Wall: Implementation Status and Way Ahead to 2030. https://www.unccd.int/publications/great-green-wall-implementation-status-and-way-ahead-2030 (01.12.2020)

110 | 111 Mehr Informationen zu Crowdfunding: https://www.crowdfunding.com, Onlinepetitionen: https://www.openpetition.de, https://www.change.org, Bäume pflanzen: https://einheitsbuddeln.de, http://www.plant-for-the-planet.org (alle: (01.12.2020))

112 | 113 MWNFT (2020): Hinewai Reserve. https://www.hinewai.org.nz (01.12.2020)

Mongabay (2018): Mulai Kathoni: a young man's dream is now a thriving »people's forest«. https://india.mongabay.com/2018/05/mulai-kathoni-a-young-mans-dream-is-now-a-thriving-peoples-forest/ (01.12.2020)

GBM (2020): Wangari Maathai Biography. https://www.greenbeltmovement.org/wangari-maathai/biography (01.12.2020)

Plant-for-the-Planet (PFTP) (2020): Idee & Ziel. https://www.plant-for-the-planet.org/de/informieren/idee-ziel (01.12.2020)

Über die Autorin

Esther Gonstalla (Jahrgang 1985) arbeitet als freie Infografikerin für Print und Animationsfilme sowie als Autorin von Erklärbüchern zu Umweltthemen.

Zu ihren Kunden gehören u. a. NGOs, wissenschaftliche Institute und Magazine wie National Geographic Deutschland, Deutsche Meeresstiftung, Brot für die Welt, BUND, Mehr Demokratie, Greenpeace, Global Water Partnership (Schweden), Institute for Climate Physics (Südkorea) und University of Manoa, Hawaii (USA).

Seit Abschluss des Grafikdesignstudiums an der Fachhochschule Münster arbeitet sie als Freelancer. Die Freiheit, ihren Arbeitsort selbst festzulegen, nutzt sie seit 2013 ausgiebig, indem sie jedes Jahr von einem anderen Land aus arbeitet. Zu ihren Fortbewegungsmitteln gehören dabei (neben wenigen unausweichlichen Flügen) Fahrräder auf längeren Touren unter dem Motto »Cycling for Future«, Campervans, um Kontinente über mehrere Jahre hinweg zu erkunden, und Segelboote aus Liebe zum Meer.

Sie engagiert sich aktiv für das Pacific Garbage Screening und unterstützt u. a. »Plant-for-the-Planet«. Das erste Buch dieser Art hat Esther im Jahr 2009 als Diplomarbeit an der Fachhochschule Münster gestaltet und geschrieben: »Das Atombuch – Radioaktive Abfälle und verlorene Atombomben«. Sie wurde dafür mit dem Preis der Stiftung Buchkunst ausgezeichnet für »eines der schönsten deutschen Bücher 2009«. Daraufhin folgten 2017 im oekom verlag »Das Ozeanbuch« und 2019 »Das Klimabuch«.

Zum Portfolio: www.gonstalla.com

Danke!

Ein großer Dank für die fachliche Unterstützung geht an die vielen Wissenschaftler*innen und Fachleute, die mit ihrem riesigen Wissensschatz maßgeblich zum Buch beigetragen haben, allen voran **Prof. Dr. Christian Ammer** (Universität Göttingen) sowie:
Prof. Dr. John Alroy (Macquarie University), **Dr. Inka Bartsch** (Alfred-Wegener-Institut), **Hans von der Goltz** (Arbeitsgemeinschaft Naturgemäße Waldwirtschaft Deutschland e. V.), **Uta Grunert** (Netzwerk der Brasiliensolidarität), **Dr. Sven Günter** (Thünen-Institut für Internationale Waldwirtschaft und Forstökonomie), **Dr. Sabine Henders** (climatekos), **Prof. Dr. Pierre Ibisch** (Hochschule für nachhaltige Entwicklung Eberswalde), **Prof. Dr. Daniela Kleinschmit** (Universität Freiburg), **Prof. Dr. Michael Köhl** (Universität Hamburg), **Dr. Margret Koethke** (Thünen-Institut für Internationale Waldwirtschaft und Forstökonomie), **Prof. Dr. Andreas Roloff** (TU Dresden), **Anne Schnurpfeil** (Schutzgemeinschaft Deutscher Wald Bundesverband e. V.), **Dieter Schonlau & Sandra Hanke**, **Ute Seelig** (Kuratorium für Waldarbeit und Forsttechnik e. V.), **Dr. Sheila Wertz-Kanounnikoff** (Food and Agriculture Organization of the United Nations), **Dr. Florian Weinberger** (Helmholtz-Zentrum für Ozeanforschung Kiel) und **Dr. Sven Wunder** (European Forest Institute).

Vielen lieben Dank für das Vorwort an **Prof. Dr. Hansjörg Küster** (Leibniz-Universität Hannover).

Ein ganz herzlicher Dank für die grafische Unterstützung geht an **Tina Strube** für die maßgebliche Mitarbeit an den Grafiken auf den Seiten 58/59 und 62/63.

Ein ganz besonderer Dank für die textliche Unterstützung geht an **Annette Freiholz.**

Ein großer Dank geht an meinen Mann **Craig Martin**, der mich immer wieder während des Schreibens zu längeren Wanderungen und Radtouren in die Wälder und Gebirge Nordamerikas inspiriert hat.

Zuletzt möchte ich mich wieder bei meiner Lektorin **Laura Kohlrausch** und beim oekom verlag für die tolle Zusammenarbeit bedanken!

AUSSERDEM BEI OEKOM ERSCHIENEN:

Das Ozeanbuch

Über die Bedrohung der Meere

»Das Ozeanbuch ist in jeder Hinsicht ein derart hervorragendes und uneingeschränkt empfehlenswertes Buch, dass es eigentlich zur Pflichtlektüre an weiterführenden Schulen gehören müsste!«
DATZ Die Aquarienzeitschrift

Unfälle auf Ölplattformen, Strudel aus Plastikmüll, Überfischung, wo man hinschaut: die Meere sind längst nicht mehr nur noch Sehnsuchtsorte und Urlaubsparadiese; Verschmutzung und Ausbeutung haben ihnen in den letzten Jahrzehnten gewaltig zugesetzt. Doch wie steht es wirklich um das größte Ökosystem der Erde?

Obwohl wir seit jeher von und mit dem Meer leben, bleibt es bis heute eines der letzten unbekannten Territorien der Erde – sogar der Mond ist besser erforscht als die gigantischen Wassermassen, die für unseren Planeten so wichtig sind. Genau dieses Unwissen könnte dem Ozean (und uns!) zum Verhängnis werden: Um das sensible Ökosystem zu schützen, müssen wir die Zusammenhänge zwischen menschlichem Handeln und den Veränderungen des maritimen Lebensraums besser verstehen lernen.

»Das Ozeanbuch« zeichnet ein umfassendes Bild der Risiken und Chancen und verdeutlicht Zusammenhänge – in 50 leicht verständlichen und attraktiven Infografiken.

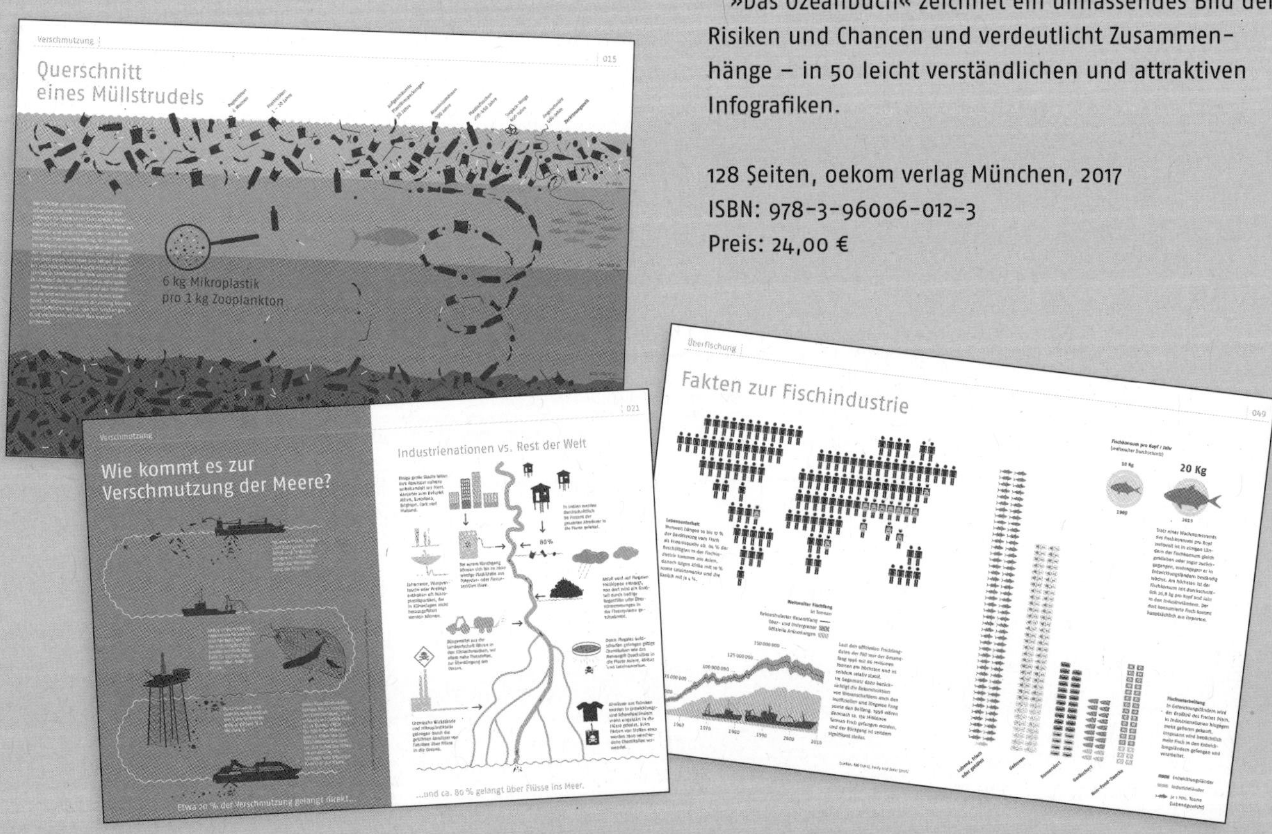

128 Seiten, oekom verlag München, 2017
ISBN: 978-3-96006-012-3
Preis: 24,00 €

Das Klimabuch

Alles, was man wissen muss, in 50 Grafiken

»Gründliche Recherche, nüchterne Grafiken, glasklare Informationen und die knallharten Erkenntnisse der Klimaforschung vereinen sich in ›Das Klimabuch‹ zu einer nachwirkenden Lektüre.«
Deutschlandfunk Kultur

Hier zunehmende Dürre und Hitze, dort immer häufigere Starkregenereignisse und Kälteeinbrüche: Die Klimakrise ist zu einem globalen Thema geworden, das niemand mehr ignorieren kann. Hier setzt »Das Klimabuch« an.

Mit der Unterstützung zahlreicher Wissenschaftler*innen hat Esther Gonstalla die komplexen Zusammenhänge und wissenschaftlichen Daten zur globalen Erwärmung zu leicht verständlichen Infografiken verarbeitet. Das Buch erklärt, wie der Kohlenstoffkreislauf funktioniert und warum Treibhausgase die Erde erwärmen, betrachtet den menschlichen Einfluss und stellt die gegenwärtigen sowie zukünftigen Folgen der Erderwärmung dar. »Das Klimabuch« beschränkt sich dabei nicht auf die Darstellung der Klimakrise und ihrer Folgen, sondern zeigt vielfältige Lösungsvorschläge auf, von politischen Maßnahmen bis hin zu Tipps für den eigenen Alltag.

Ein Grundlagenbuch für alle interessierten Bürger*innen, Politiker*innen, Schüler*innen, Studierenden – und natürlich für alle Aktivist*innen von Fridays for Future.

128 Seiten, oekom verlag München, 2019
ISBN: 978-3-96238-124-0
Preis: 24,00 €

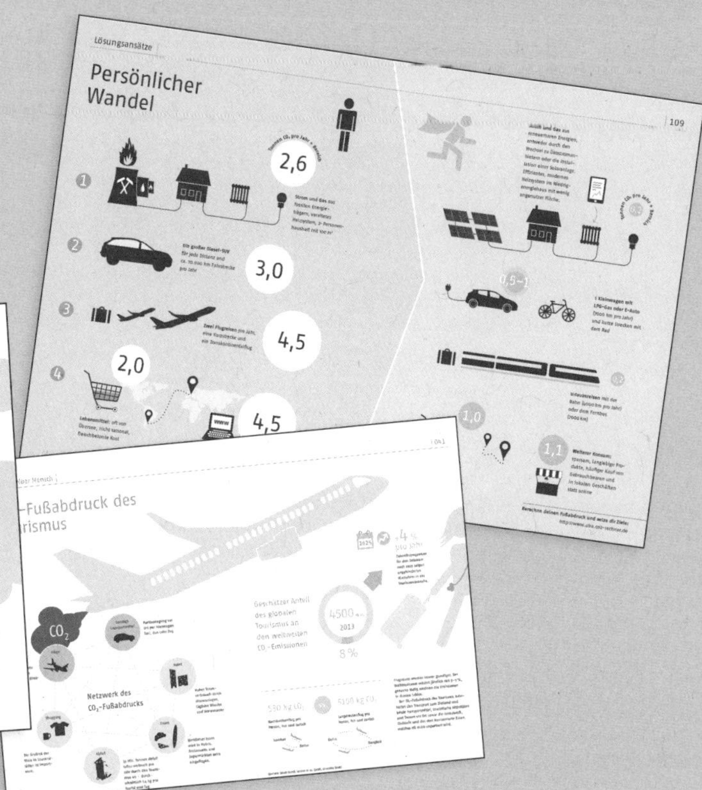

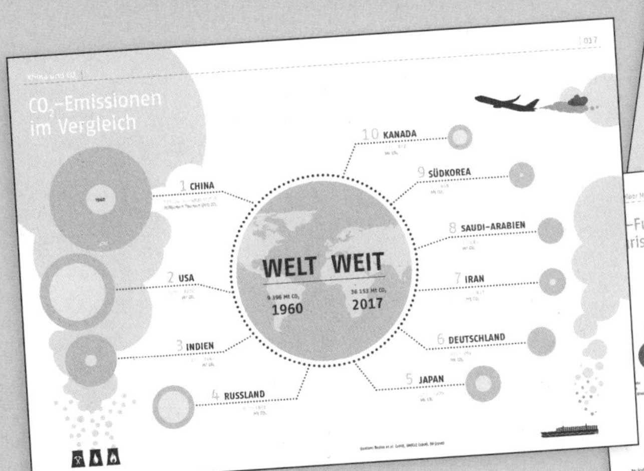

»Vorgestern war der beste
Zeitpunkt, die Zerstörung unserer
Wälder aufzuhalten.
Heute ist der zweitbeste Zeitpunkt,
sich für den Schutz der Urwälder,
die Renaturierung degradierter
Wälder und die Bewaldung von
Brachflächen einzusetzen.
Wenn wir alle einen Teil dazu
beitragen, können wir den Prozess
noch umkehren.«

Esther Gonstalla